改变世界

计算机发展史趣谈

逸之◎著

人民邮电出版社

北　京

图书在版编目（CIP）数据

01改变世界：计算机发展史趣谈 / 逸之著. -- 北京：人民邮电出版社，2022.10（2023.9重印）
ISBN 978-7-115-55284-6

Ⅰ．①0… Ⅱ．①逸… Ⅲ．①电子计算机—技术史 Ⅳ．①TP3-09

中国版本图书馆CIP数据核字（2020）第223664号

内 容 提 要

本书从数字和进制的诞生开始，以一系列具有代表性的计算工具和计算思维为例，讲述人类如何一步步制作出强大的现代计算机。本书依次介绍了计算机发展中的手动时期、机械时期、机电时期、电子时期，并描述了充满可能的未来时代。

本书语言深入浅出，既可作为计算机业余爱好者的入门科普读物，也适合作为高校相关专业学生和从业者了解计算机发展历程的参考读物。

◆ 著　　　　逸　之
　　责任编辑　张　涛
　　责任印制　王　郁　焦志炜
◆ 人民邮电出版社出版发行　　北京市丰台区成寿寺路 11 号
　　邮编　100164　电子邮件　315@ptpress.com.cn
　　网址　https://www.ptpress.com.cn
　　涿州市般润文化传播有限公司印刷
◆ 开本：720×960　1/16
　　印张：15.5　　　　　　　2022 年 10 月第 1 版
　　字数：246 千字　　　　　2023 年 9 月河北第 2 次印刷

定价：79.80 元
读者服务热线：(010)81055410　印装质量热线：(010)81055316
反盗版热线：(010)81055315
广告经营许可证：京东市监广登字 20170147 号

前　言

　　几年前的一个晚上，我和我的一位研究生室友待在寝室，各自使用计算机做课题设计。他敲击着键盘，突然提出一个问题："计算机只能识别0和1，可我每敲一个键，屏幕上就显示一个文字，它是怎么靠0和1做到这一点的呢？"我对他的问题很感兴趣，马上和他讨论有关逻辑电路的问题。不过话题没有持续多久，因为我们很快就说完了脑中的计算机知识，且对自己既粗浅又不系统的解析很不满意。后来我继续问其他同学，其他同学的回答也粗浅、零散。如果让一个外行来听，他一定会抱怨："这等于什么也没说嘛！"

　　想来令人诧异，这样一个简单的问题却难倒了一群计算机专业的研究生。于是，我到图书馆查阅相关的图书，到网上搜集相关的资料，发现它们要么以极强的专业性"拒人"于千里之外，要么以极浅的"说辞"敷衍了事。网上偶尔有些优质的博客文章，内容却十分零散，不成体系。因此我决定靠自己把深奥的计算机原理用深入浅出的语言诠释出来。

　　可要讲的是计算机原理，就必须先说它的历史，因为弄明白一个事物最好的方式就是了解它的发展史。如果撇开历史，研究往往找不准事物的起源，这样就算我们理解了二进制和集成电路，也依然不知道计算机为什么会如此设计。所以了解计算机的历史，才能认识其本源，并真正了解它。

　　回顾计算机的历史，我们会发现，它的发明从来都不是某个人或某一类人的成果，因为它涉及许多学科，是人类需求增长和思维进化的产物。这里要提到两个耳熟能详的名字——艾伦·图灵和冯·诺依曼。图灵是名哲学博士，诺依曼是位数学家，可是他们的学术成就却为计算机的发展提供了巨大助力，因此他们被誉为"计算机之父"，其实还有许多了不起的计算机先驱。他们甚至比艾伦·图灵和冯·诺依曼更早开启了计算机的历史。

　　从最原始的结绳与契刻到古代主流的算筹与算盘，再到后来逐渐自动化的机械式与机电式计算机以及电子计算机。可见，早在电子计算机出现之前，人类就经历了计算工具浩浩荡荡的变迁史。每一种计算工具的发明、计算思维的产生、计算方法的运用，都是人类思想质的飞跃；每个节点看似"奇迹"，却又是历史的必然。

让我们一起去追溯计算机的历史吧！这将是一段有趣且收获满满的旅程。我们在一步步向现代计算机靠近的同时，也会逐渐深刻地体会到：原来计算机每一次进步的背后都汇集了那么多先驱的智慧和努力。

内容组织

本书不仅讲述了计算机发展历程中有趣的历史故事，还在故事中介绍历史上各种计算工具的结构与原理，使读者了解它们的发明者是如何构想出如此精妙绝伦的设计的，而这些设计又是如何逐渐演变成强大的现代计算机的。

在结构上，本书参考了上海科学技术出版社 1984 年出版的《计算机发展史》一书。前 4 章分别介绍了计算机发展史中的手动时期、机械时期、机电时期和电子时期，第 5 章展望未来。

本书读者对象

作为一本深入浅出的科普书，本书没有生涩的专业描述，一些关键概念会通过通俗的文字进行讲解。因此，读者不需要具备专业的计算机知识，只需要带着一颗好奇心进行阅读即可。不过，书中会用到一些简单的中学数理化知识，对这些知识已经淡忘的读者可能需要稍稍回忆一下。

不论你是计算机爱好者，还是准备从事计算机行业的零基础人士，都能从本书中获得想要的知识。不过，科普代替不了专业学习，只是以一种轻松的方式"引荐"一门学科。如果你读完本书之后感到意犹未尽，有了更多想要探索的知识点，那么科普的目的就达到了，本书的价值就在于此。

致谢

本书原是作者兴趣使然在网上创作的内容，未曾想有幸能获得出版机会，是简书为怀揣梦想的写作者提供了这样的可能，是行距文化在网络的汪洋中发现了作者这叶不起眼的扁舟。尤其是行距文化的毛晓秋老师提供了许多宝贵意见,才让这些原本"自由散漫"的文字成为正式的出版物。在此深表感谢!

同时,感谢设计师S7牺牲大量业余时间为本书制作诸多精美插图[①];感谢在美留学的好友Yunli Shao帮忙搜集大量珍贵的参考资料;感谢所有时常被作者问得一头雾水的亲朋好友,他们在数学、电学、光学、声学、化学等领域为本书的内容提供了专业指导。

创作的过程是漫长的,在此要特别感谢家人的理解和支持,尤其是作者的妻子,她比作者更为此事感到自豪,她的认同与鼓励是作者完成创作最大的保障。

最后,感谢出版社编辑的辛勤付出,他们的专业与严谨令人印象深刻,能有此次合作是作者的荣幸。

由于作者水平有限,书中难免有所纰漏,恳请广大读者批评指正。作者的邮箱是458683767@qq.com,本书编辑的联系邮箱为zhangtao@ptpress.com.cn,欢迎来信交流。

注:本书中部分术语的英文译名引自维基百科。

[①] 具体包括图1.28、图1.29、图1.40、图1.41、图1.43、图2.11、图2.12、图2.13、图2.14、图2.17、图2.18、图2.19、图2.20、图2.24、图2.25、图2.32、图2.33、图2.39、图2.51、图2.52、图2.53、图2.55、图2.56、图2.57、图2.58、图2.59、图2.67、图2.68、图2.69、图2.70、图3.26。

目　　录

第 **1** 章

漫长的手动时期

1.1 原始社会的计数方式

1.1.1 手指：长在身上的"计算机"

文明萌芽之前，人类的祖先还没有"数"的概念。在广袤的原始森林里，他们认识这棵树，也认识那棵树，唯独没有"这是从哪到哪第几棵树"的概念，更没有某一范围内总共有多少棵树的概念。

后来祖先们渐渐有了计数的意识，但起初局限于很小的数。他们用身上的特定部位去表示数字，如用鼻子表示 1，用眼睛或耳朵表示 2。直到 20 世纪 40 年代，在一些文化发展比较迟缓的地区，部分人最多只能数到 3 或 10，再往后就数不清了，只将其统称为"多"。在国外，澳大利亚、巴布亚新几内亚和巴西的一些部落也没有定义 2 或 3 以上的数字。

人天生是不擅长计数的，在潜意识里很容易把超过 3 的数目归类为"多"。这就好比在未经有意识统计的情况下，当有一两个人说你长得好看，你会记得有那么一两个人说你好看；而当有第三、第四个人这么说时，你的印象里一定是"好多人都说我长得好看"！

1. 肢体计数

然而，人类终究是要与较大的数打交道的。祖先们渐渐需要面对"打到了多少猎物""部落有多少人口"这类简单的统计问题，他们为了计算更"大"的数开始动用身上包括手指在内的各个部位。

每个原始部落都约定了一套内部通用的计数规则。据统计，单在巴布亚新几内亚就发现了至少 900 种不同的肢体计数方法。其中一种是用上半身的 27 个部位表示数字 1 ～ 27，如图 1.1 所示。如今看来，这种计数方式比直接使用数字麻烦得多。

图 1.1　巴布亚新几内亚某部落的身体部位计数法[①]

使用最多的肢体部位是手指和脚趾，一指（趾）就表示 1，双手（脚）就表示 10，一人就表示 20。因此，有不少地方曾使用二十进制。在以前的英国货币中，1 英镑等于 20 先令；在法语中，数字表示也受到二十进制的影响，如 80=4×20（quatre-vingt）[②]，90=4×20+10（quatre-vingt-dix）。

2. 手指计数与十进制

比起脚趾，手指更便于计数。如今应用最广的十进制便源自我们的 10 根手指。

20 世纪美国著名的科幻、科普作家艾萨克·阿西莫夫曾说过：手指是人类最早的"计算机"，英文单词"Digit"既表示"手指"，又表示"整数数字"。

我们设想一个场景。在很久很久以前，一个人类的原始部落与一群野兽爆发了激烈斗争，人类凭借聪明的头脑最终大获全胜。部落首领指派粮食管理员对斩

---

① 图片来自《"啊哦呜"部落和"牟尼"部落》。

② 法语中，quatre 表示 4，dix 表示 10，vingt 表示 20。

获的猎物进行清点，管理员便掰起了手指，1 根手指对应 1 头猎物。当他数到第 10 头猎物时就犯难了，因为手指用完了，猎物却还有很多，这可怎么办呢？

他到处询问解决办法，但部落中从没有人数过这么多猎物。正当大家一筹莫展时，一个机灵的孩子说："每数完两只手，就找 1 根树枝放在一边，这样就可以腾出手指重新数啦！最后除手指之外，再数一下一共有多少根树枝，不就知道总数了吗？"

大家都觉得这个方法很好，纷纷对孩子竖起了大拇指。粮食管理员也顺利地完成了任务。

这就是十进制的由来，也是进制的由来。大多数人天生拥有 10 根手指，在数数时，每满 10 就需要额外记录一下。这位粮食管理员在最后清点树枝时，仍有可能遇到手指不够用的情况，此时他可以 10 根一组地将树枝捆起来，这就实现了从十到百的进位。后来人们也想出了各种各样的手指计数方式，如用一只手的手指表示个位，用另一只手的手指表示十位，可以直接表示出 1 ～ 99，如图 1.2 所示。

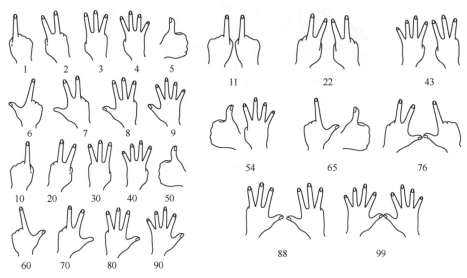

图 1.2 用手指表示 1 ～ 99 的一种方法[①]

再进阶一点，手指的弯曲所形成的各种手势都可以用来表示更大的数。比较典型的例子是 1494 年由意大利数学家卢卡·帕乔利（Luca Pacioli）整理的一套

---

① 图片来自《计算机技术发展史（一）》。

手指计数法。图 1.3 左侧两列为左手手势；右侧两列为右手手势。

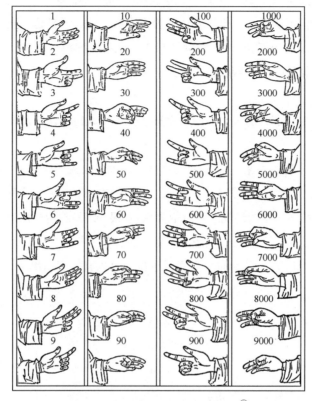

图 1.3　Luca Pacioli 手指计数法 [1]

先人的智慧令人钦佩，在不借助外部工具的情况下，光靠手指就能实现几百乃至几千的计数（更复杂的手指计数甚至可达百万）。

3. 其他进制

除十进制之外，还有许多历史上曾出现过或如今依然在用的其他进制，它们大多也源自手指计数。

太平洋中有个叫瓦努阿图的岛国，那里的人们喜欢用单手数数，就用着五进制。如果你问："一星期有几天？"他们会回答你："一手两天。"我们平时在统计投票时采用画"正"字的方式可以提高效率，中国算盘的设计也是"满 5 进 1"，

---

① 图片来自"Computer History Museum"。

这正是因为人类在潜意识中习惯五进制这种"单手操作"。

美国加州和墨西哥的一些部落则喜欢用指缝计数。摊开你的双手数一数，有几条指缝？答案是 8 条。八进制就是这么来的。不过，如今八进制大多出现在一些专业领域，很少在生活中出现。

还有些部落留意到手指是分节的，伸出一只手，从食指到小拇指，每根手指都有 3 个指节，一共 12 节，十二进制就这么出现了。那大拇指呢？大拇指负责的是指向这些关节，这样单手就可以完成 12 以内的计数了。十二进制在生活中是很常见的，如时针走 1 圈代表 12 小时，1 年有 12 个月，我们平时所说的"一打"也是 12 的意思。

古巴比伦人一手用十二进制，一手用五进制（表示 12 的 1～5 倍），结合起来就产生了楔形文字中的六十进制，如图 1.4 所示。生活中，六十进制主要用于计时，如 1 小时有 60 分，1 分有 60 秒。在中国的传统文化中，十天干与十二地支按顺序两两相配，每 60 年为一个甲子。

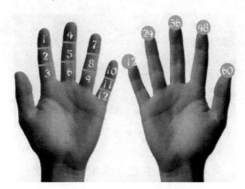

图 1.4　古巴比伦手指计数法 [1]

读到这里，读者可能会有些失望，因为最关键的二进制还没有出场。二进制源自哲学，不是靠手指计数产生的，后面会介绍相关内容。

4. 手指计算

仅用手指表示数字仍是不够的，欲将手指称为计算工具，起码还要用它实现计算功能。手指确实可以进行一些简单的计算，配合心算口诀，不但能做加减运

---

① 图片来自《用身体来计数》。

算，还能做乘除，我国古代就出现过成熟的"手算"方法。明代数学家程大位在其《算法统宗》一书中详细记载了由秦晋商人发明的"一掌金"算法[1]，它是靠右手手指点左手的各个指关节来完成计算的，如图1.5所示。

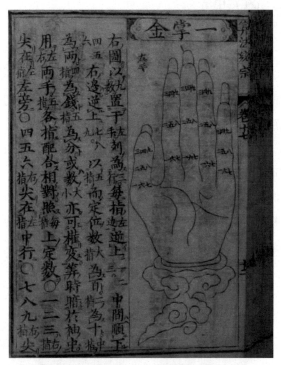

图1.5　《算法统宗》记载的"一掌金"[2]

有了"一掌金"，商人出门谈生意，两手往衣袖里一藏（那时的算法通常是商业机密，不能轻易外泄），"掐指"一算，出账入账就都清楚了。有歌谣曰："袖里吞金妙如仙，灵指一动数目全。无价之宝学到手，不遇知音不与传。"

"手算"虽然方便，但能算的数值范围毕竟有限，还需牢记复杂的心算口诀。现在一些少儿教育机构热衷于开发面向小朋友的手指速算法，这确实比纯心算更快、更可靠，但这用来开发智力还可以，实际应用起来就捉襟见肘了。正是手指的这种局限性，促使着人类摆脱身体部位的束缚，一步步朝着更先进的计算工具迈进。

---

① 有关"一掌金"的记述最早见于明代数学家徐心鲁于1573年写的《盘珠算法》一书。

② 图片来自《算法统宗》。

1.1.2 石子：解放双手的第一步

用手指计数和计算的一个显著缺点就是无法存储。如果一个猎人想统计自己一个月内打了多少头野兽，则需要每天累加，总不能天天掐着手指睡觉吧！

人类最早借助的外物是大自然中随处可见的石子、贝壳、小木棍、玉米粒、豆粒，甚至动物的尾巴和角等。例如，用石子表示圈养了多少头猎物。若第一天宰杀了两头，就从中取出两颗石子；若第二天新狩猎到 3 头，就往里添加 3 颗石子，这样人们就不需要时刻记着还剩多少头猎物了。

也许是耐存放的原因，在这些天然物品中，石子用得最多，我们不妨将这种计数方式统称为石子计数。英文中表示"微积分"的单词 calculus 在拉丁文中的原意正是"用来计算的小石子"，可见石子与计算本身有着很深的渊源。

1. 石子计数

人们最早使用石子等物品表示数量时，其实对最终的计数结果毫无概念。斯里兰卡的维达人会使用树枝表示椰子的数量，但如果你有机会采访一名正在收椰子的维达人，你们的对话大概会是下面这样的。

你："一根树枝代表一个椰子是吗？"

他："是的。"

你："等椰子收完了，再数一数一共有多少，是吗？"

他："嗯？数啥？"

你："不数怎么知道一共有多少个椰子呢？"

他（指着那堆树枝）："就这么多。"

真正的石子计数是不能这样无视计数结果的。20 世纪 50 年代前，我国云南贡山的傈僳族在选举村长时，村民用在候选人面前的碗或竹筒中投放豆子或玉米粒的方式进行投票，最后统计票数（与我们现在的投票方式在本质上是一样的）；处理纠纷时，他们也采用同样的方式，每陈述一条理由就投放一粒玉米。历史上，战争中，人们用鹅卵石记录双方伤亡人数，并在战后根据清算的鹅卵石数量进行赔偿……这些与上一个例子的本质区别在于事后进行了清点，这样方可称为计数。

这些保持着古老生活方式的民族成为我们了解历史的重要依据。他们的计数手段看似落后，但有时出于信仰或乐趣会做出有意思的东西。印第安人就把石子

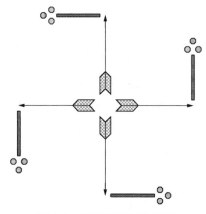

图 1.6　美国印第安人石子
计数中的"卍"字

堆出了"新高度"，如他们把 21 摆成一个"卍"字，如图 1.6 所示。4 支箭、4 根棍子、12 颗石子、1 个中心，总计 21。

我国的河图与洛书也记载了石子计数，河图记载的是用黑白两色石子分别摆出数字 1～10，洛书则摆出 1～9，如图 1.7 所示。

除以上单纯以石子的数量进行计数的做法之外，还有许多以石子的种类或尺寸来区分不同位数的高阶计数法。如云南纳西族用小石子代表个位，用稍大的石子代表十位，用更大的石子代表百位。

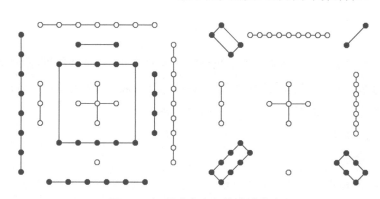

图 1.7　河图（左）与洛书（右）

2. 石子计算

与手指一样，石子不仅可以计数，还可以计算。

在北京的民族文化宫里，藏有两台藏族的石子计算器，它为木质的长方形盘，长约 70cm，宽约 36cm，厚约 4cm。虽然叫作计算器，但它们其实只是具有收纳功能的摆盘。其中一台用石子表示个位，用木棍表示十位，用果核表示百位，用蚕豆表示千位，用瓦片表示万位。每摆满 10 个石子就换用 1 根木棍，每摆满 10 根木棍就换用 1 颗果核，依次类推。借助这些工具，人们可以进行简单的四则运算，以 1024×4 为例。

（1）1024 表示为 1 颗蚕豆、两根木棍、4 颗石子。

（2）乘以 4 相当于将每样物品均添加至原来数量的 4 倍，即 4 颗蚕豆、8 根木棍、16 颗石子。

（3）石子满 10 需进位，用 1 根木棍代替 10 颗石子。

（4）总共有 4 颗蚕豆、9 根木棍、6 颗石子，读作 4096。

用现在的眼光来看，这种所谓的计算器其实只是充当了草稿纸的角色。

据此，人们可以对石子一类的物品赋予特殊的数学含义，石子摆放的相对位置也被利用了。久而久之，越来越多的巧妙算法应运而生。时间把人类的智慧汇集在一起，最终形成了后来经典的算筹和算盘。

1.1.3　结绳：最原始的备忘录

手指虽可"随身携带"，但不便存数——没人能一直保持一个手势；石子既可携带又可存数，但数量一多难免就重了，而且携带时会打乱石子间的拓扑关系，因此并不便携。

为弥补两者的不足，聪明的先人想到了在绳子上打结，如图 1.8 所示。

据文献记载及考古发现，人类最早从新石器时代开始使用结绳的方法。历

图 1.8　结绳[①]

经漫长的传承，结绳一直延续到 20 世纪，并遍布世界范围，中国、日本、埃及、墨西哥、秘鲁、波利尼西亚等地均曾盛行。

这种用结绳记录信息的古老做法在英文中也能找到蛛丝马迹，如绳子（cord）正是记录（record）的词根。

1. 结绳计数

结绳可以计数。最简单的是用一个结表示 1；用绳结的大小或位置来表示不同的数位；手巧的人们还能打出不同花式的结来表示不同的含义，或者选用多种材质，给绳子染色，拴上一些物件等来表示不同的含义。

---

① 图片来自网络。

传说波斯王派军远征时，命令他的卫队留下来保卫耶兹德河上的桥 60 天，但 60 在当时是个很人的数，如何掐准口子呢？聪明的波斯王在皮条上打了 60 个结，嘱咐士兵每天解开一个，解完所有的结后，士兵就可以回家了。

我国的佤族用高挂在墙上的结绳来记录债务，大结表示 1，小结表示 1/2。绳子上部的结表示借债金额，中部的结表示年利息，底部的结表示出借时间。

神秘的印加帝国则把结绳的计数能力发挥到了极致，将所有子民的年龄、食物供应、军队数目、金银财产等信息用结绳悉数记载，后来的西班牙殖民者感叹道："他们甚至连一双鞋都不会漏记。"他们的结绳有着一个神圣的名字——奇普（quipu 或 khipu）。

图 1.9 和图 1.10 所示的奇普由一根横着的主绳和垂挂于其上的密密麻麻的绳子组成，我们不妨称后者为垂绳。主绳往往较粗，起悬挂垂绳的作用；垂绳则负责记录信息。根据需要，垂绳上还可另外系附属绳，附属绳上还可再系绳，类似于根上生根的形态。一些复杂的奇普甚至挂着 10 ～ 12 层附属绳，最大的奇普共由约 2000 根绳组成。

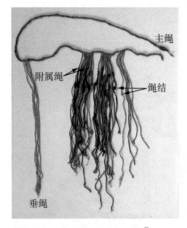

图 1.9 奇普的组成①

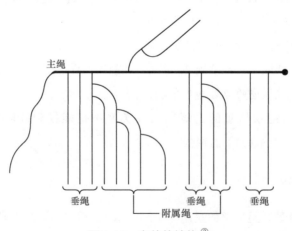

图 1.10 奇普的结构②

———————————

① 图片来自 KDP 网站。

② 图片来自 *Signs of the Inka Khipu*。

　　现存奇普的主绳长度为 10 ～ 514cm，展示时将其绷直或摆成弧形，以便读数；存储或运输时则将其螺旋而盘，宛如一个拖把头。图 1.11 所示为藏于秘鲁拉尔科博物馆的以"弧形阅读模式"展示的奇普。

图 1.11　以"弧形阅读模式"展示的奇普[1]

　　现存最大的奇普是一卷年历，如图 1.12 所示。它共有 762 根垂绳，其中 730 根垂绳（对应 730 天）通过一定的距离间隔分成了 24 股（对应 24 个月）。

图 1.12　以弧形展示的年历奇普[2]

　　奇普上的绳子通常由棉、羊毛、驼绒等材料制成，现存的奇普多数为棉质。棉花有白、棕、绿等多种颜色，但远远满足不了人们制作奇普的需要。印加人会给奇普上的绳子染上更多的颜色，有时还把两根不同颜色的绳子接成或搓成一根。这些颜色有着丰富的含义，如黑色代表死亡或灾祸，红色代表士兵，黄色代

---

① 图片来自维基百科。

② 图片来自 KDP 网站。

表黄金，白色代表白银或和平，绿色代表谷物等。图 1.13 所示为藏于秘鲁马丘比丘博物馆的彩色奇普。

图 1.13 彩色奇普[①]

奇普上的绳结主要包括长结、单结和"8"字结 3 种，如图 1.14 所示。

用不同位置的单结表示 10、100、1000、10000 等（10^n），离主绳最近的单结位数最高，最靠近垂绳尾端的单结表示 10。例如，若尾端有 3 个挨在一起的单结，即表示 30，因此用单结可以表示任意整十数。个位数则用长结表示，长结其实就是在单结的基础上多绕几圈，两圈就表示 2，因此用长结可以表示2～9。1 比较特殊，单独使用"8"字结来表示。这样，奇普就可以记录任意正整数了。

图 1.15 所示为奇普使用不同绳结进行计数的示例，奇普的主绳上至少会有一根记录统计值的垂绳。

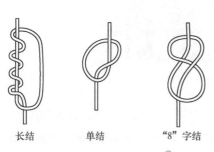

图 1.14 奇普的 3 种绳结[②]

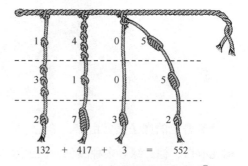

图 1.15 不同绳结的使用示例[③]

① 图片来自维基百科。

② 图片来自《计算机技术发展史（一）》。

③ 图片来自网络。

2. 结绳记事

结绳不但可以计数，还可以记事。

东汉末年，儒家学者、经学大师郑玄在《周易郑康成注》一书中有言："事大，大结其绳；事小，小结其绳。"《贵州苗民概况》一书中提到："苗族识字甚少，犹保持上古结绳记事之遗风，遇事暗中以草记之，简单事件日久尚能忆及。"

在文字还未诞生的时代，结绳扛起了记载信息的历史重任。

1）结绳通信

富含信息的结绳常被用作信件。我国普米族将结绳形象地称作"羊毛疙瘩"，即打着一个个结的羊毛绳子。战时，普米族用羊毛疙瘩联络、集合队伍，在一根主绳上系若干根细绳，每根细绳代表一个村，一个个"疙瘩"则表示时间、人物、事件等。此外，还在绳上附上鸡毛、辣椒、木炭、骨头，分别表示"迅速""激烈""炽热""坚硬"等信息。

图 1.16　chasqui[1]

古代的印加帝国曾设名为 chasqui 的邮差，他们的工作是传递"公文"结绳。图 1.16 所示为一名带着结绳、吹着海螺的 chasqui。

2）结绳为约

常言道"口说无凭"，任何时代的人们都需要契据。因此，结绳还常被用作契约和凭证。

《九家易》曰："古者无文字，其有约誓之事，事大大其绳，事小小其绳，结之多少，随物众寡，各执以相考，亦足以相治也。"

3）结绳以治

我们还能从古籍中找到结绳治国的痕迹。

"上古结绳而治，后世圣人易之以书契，百官以治，万民以察。"这句话出自《周易·系辞》。

"三皇结绳而天下泰，非惟象刑缉熙而已也。且太古知法，所以远狱。"这句

---

① 图片来自维基百科。

话出自《晋书·纪瞻传》。

"若夫龙官之岁，风纪之前，结绳而不连，不令而人畏。"这句话出自《隋书·刑法》。

"其吏治，无文字，结绳齿木为约。"这句话出自《新唐书·吐蕃传》。

可见，结绳在古代有着法律效力。

1.1.4　契刻：躺在刻痕里的文明

设想一下，如果你像鲁滨逊那样因故漂流到一座荒岛，身上除一把小刀之外，别无所有。在等待救援的日子里，除了用刀捕捉动物之外，你一定还会做一件事，那就是找一棵树，用刀在树干上刻"正"字以计算日期。

远古部落和近现代的一些地方的人们也是这么做的。他们通常选用木、竹、石、玉，以及野兽的牙、角和骨等材料，削成棍状、片状或圆形等形状，再用坚硬的石器或刀具刻出一道道痕迹来记录各种数目，也有直接在洞壁上刻画的做法。这种计数方式称为契刻计数。

图 1.17 所示为在阿尔卑斯山脉发现的契刻遗物，现藏于瑞士阿尔卑斯博物馆。

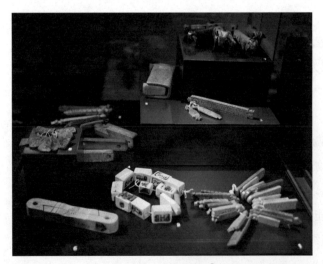

图 1.17　契刻遗物 [①]

---

① 图片来自维基百科。

人类社会的发展往往有着惊人的相似性。同其他计数方式一样，契刻也出现于世界的各个角落，如斯堪的纳维亚、澳大利亚、爱沙尼亚、楚瓦什等。在我国，很多少数民族有使用契刻的记载。

契刻的功能与结绳十分相似，同样可以用于计数和记事，并常用作书信和契约。

1. 契刻计数

东汉经学家、训诂学家刘熙在《释名》一书中提到："契，刻也，刻识其数也。"契刻最早便是用来计数的。

图 1.18 所示为 1960 年在刚果伊尚戈发现的一根狒狒腓骨。它所处的时代距今两万多年，骨头上密密麻麻的刻痕被部分学者视为原始的计数痕迹。

20 世纪 70 年代，某原始社会墓葬中的 49 枚骨片在青海省乐都县出土，其中 40 枚保存完好，各枚尺寸基本一致，约呈 1.8cm×0.3cm×0.1cm 的长方体状，非常袖珍。其中 35 枚有 1 个刻口，3 枚有 3 个刻口，两枚有 5 个刻口，骨片上的刻口如图 1.19 所示。这种不同刻口的灵活计数方法与我们平日使用的不同面额的钞票相似。

图 1.18 狒狒腓骨 [1]

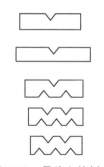

图 1.19 骨片上的刻口 [2]

类似地，古代一些民族使用木片来记录借贷金额与还款期限，每还清部分贷

---

[1] 图片来自维基百科。

[2] 图片来自《中国数学简史》。

款或每过一天，就在木片上削去相应数量的刻口，待削完所有的刻口，便还清了所有贷款或到了约定的日期，如图 1.20 所示。

随着文明的进步，契刻的方式也变得丰富起来。新中国成立初期，在云南省晋宁县出土了一块西汉的青铜片，上面刻画着各种人与动物的形象，为所记录的数据标注出了明确的含义。青铜片上的一横表示 1，圆圈表示 10；第二行记录着 13 个囚犯、70 头牛、20 匹马，牛的下面则是 200 只羊，如图 1.21 所示。

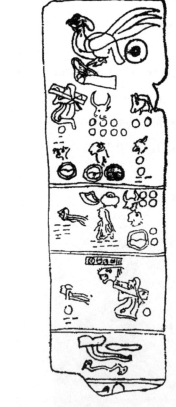

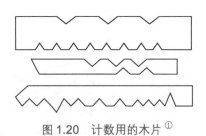

图 1.20　计数用的木片[①]　　　　　图 1.21　晋宁县出土的西汉青铜片[②]

在楚瓦什发现的木刻有着相似的痕迹，如用竖线表示 1，用半根竖线表示 1/2，用斜线表示 5，用叉表示 10，如图 1.22 所示。

---

① 图片来自《我国民族地区原始统计计量记录行为散论》。

② 图片来自《中国数学简史》。

图 1.22　楚瓦什木刻 [①]

2. 契刻记事

清代诗人陆次云编写的《峒溪纤志》中有言："木契者，刻木为符以志事也。"灵活的契刻就是文字的前身，记事于它而言简直小菜一碟。

1）契刻通信

许多民族有过契刻通信的做法。明代文学家田汝成在《炎徼纪闻》一书中写道："白罗罗（彝族一支）不通文字，结绳刻木为信。"而比起结绳，契刻通常载于片状物上，更有书信的样子。

1949 年前，傈僳族靠口信、树叶信和木片信进行通信。木片信便是刻有少量信息的木片，能够官民两用，人工传递。

民间的木片信多用作召集令。人们一般在木片上刻横沟。横沟越宽，事情就越大。一般刻双数，表示事情不太紧急；极少刻单数，表示事情十万火急。有时他们还会在木片上拴上辣椒，以强调事态严重。

官方的木片信用途多样，有用于向寨子下达通知的，有用于安排相关行政长官负责派捐、派款、派粮的，也有用于通缉罪犯的，等等。

2）契刻为约

契约契约，契刻之约。

契刻十分适合用作收据和欠条。在木片上刻好金额，而后劈成两半，双方各执一半，到算账时将两半拼合，且刻痕必须相吻合，这样连签字画押都省了，既方便又实用。

你有没有联想到什么？你或许会想到古代调兵遣将的虎符。国君、统帅各执

---

① 图片来自《计算机发展史》。

一半虎符，两半拼合，只有虎身上的铭纹相吻合方可调动军队。图 1.23 所示为西安秦二世陵的一尊虎符雕塑。

图 1.23　虎符雕塑 [1]

3）契刻筹码

当契刻用于交易、用作债券时，便具备了货币的属性，这类契刻也称为筹或筹码。

19 世纪，瑞士农民引山泉水灌溉田地，为管理用水，当地政府使用了"用水筹码"，上面刻着用水时间；西伯利亚的粮库用过"面包筹码"；哥萨克人将筹码作为各种报销凭证；波兰的一些偏远地区用木刻作为钱票……如此种种，不胜枚举。

3. 契刻计算

具有计算能力的契刻也往往以筹为名，如中国的算筹、西方的纳皮尔筹。

爱沙尼亚有一种特殊的计算筹码，人们将木棍做成了插销的形式，可以来回移动，能够进行 5 个一组的加法运算，类似于后来的计算尺。而我国充满智慧结晶的算筹最终摒弃了刻痕，靠木棍的组合摆放实现了各种复杂计算。

1.2　大道至简的中国古算

1.2.1　算筹：中国古代的高超算术

算筹是何物？你也许不曾耳闻，但一定知道"运筹帷幄"这个成语，它所言

---

[1] 摄影：逸之。

之"筹"正是算筹。

算筹是石子计数和契刻计数的发展成果,最早出现于商周时期,在算盘发明之前,堪称世界上最先进的计算工具。先进的计算工具竟是一根根小小的棍子,人们通过多样的摆放棍子的方式进行计算。小棍的材料来源多样,有竹子、木头、象牙、兽骨、金属、玉器等,凡是能削成棍状的东西皆可为算筹。当然,我们现今所能看到的多是耐腐蚀材质的算筹。小棍通常是光滑无痕的,但也有部分算筹上刻有便于计算的辅助信息。

像现代人随身携带手机一样,懂数学的古人通常会随身佩戴由丝布制成的算袋,里头放着一把算筹。到了唐朝,更有相关法律规定文武百官必须佩戴算袋。可见在彼时,算筹不单是一种计算工具,更是地位和身份的象征。

1. 算筹示数

史上第一本记述算筹的专著是约 1500 年前的《孙子算经》,其中详细记载了用算筹表示数字的方法。算筹中用红棍表示正数,黑棍表示负数,有纵横两种"布棍"模式。纵式用竖棍表示 1,横棍表示 5;横式反之,如表 1.1 和表 1.2 所示。0 比较特殊,用留空表示。

表 1.1　用算筹表示 1 ～ 9

"布棍"模式	1	2	3	4	5	6	7	8	9
纵式	│	││	│││	││││	│││││	⊤	⊤	⊤	⊤
横式	─	═	☰	☰	☰	⊥	⊥	⊥	⊥

表 1.2　用算筹表示 -9 ～ -1

"布棍"模式	-1	-2	-3	-4	-5	-6	-7	-8	-9
纵式	│	││	│││	││││	│││││	⊤	⊤	⊤	⊤
横式	─	═	☰	☰	☰	⊥	⊥	⊥	⊥

不过以红黑两色来区分正负毕竟比较麻烦。在只有一种颜色的情况下(尤其是在书写时),人们可以通过一根斜放的小棍来表示负数,如表 1.3 所示。

表 1.3　用单色算筹表示负数（以纵式为例）

"布棍"模式	-1	-2	-3	-4	-5	-6	-7	-8	-9
纵式	𠂆	𠂆	𠂆	𠂆	𠂆	𠂆	𠂆	𠂆	𠂆

对于不同的数位，纵式、横式是相间使用的，《孙子算经》如是描述："凡算之法，先识其位。一纵十横，百立千僵，千十相望，万百相当。"通俗地讲，个位上的数字用纵式，十位上的数字用横式，百位再用纵式，千位再用横式，依次类推。这样主要是考虑到 0 的存在，如数字 1024 的算筹表示如表 1.4 所示。表中凸显了 0 的空位，但在实际使用中，尤其在书写（誊抄算法）时，空位很容易被忽略。有了纵横交错的用法，即使没有空位，同一摆法的 2 和 1 挨在一起，人们也不会把 1024 当成 124。

表 1.4　1024 的算筹表示

1	0	2	4
—		=	||||

当然，这种用法应对不了 0 连续出现的情况，如 100024 就有被当成 1024 的可能。人们会在"布筹"的计算板上画好棋盘一样的表格以便留空，或者用围棋子来表示 0，以避免这个问题。在书写方面，则引入了符号"〇"。纵横交错的形式作为经典范式被一直沿用了下来。

2. 筹算

运用算筹的算法叫筹算。算筹本身仅提供了一种用棍子表示数字的"书写"形式，筹算才是其"灵魂"所在。

筹算的功能强大，除能进行最基本的加减乘除运算之外，它还能进行乘方和开方运算，甚至能解线性方程（组）、求最大公约数和最小公倍数、解同余式组、造高阶查分表等。筹算所用到的负数、小数、分数等较抽象的数学概念比西方早了上百年甚至好几百年。

南北朝的数学家祖冲之使用筹算将圆周率精确到了小数点后 7 位（3.1415926 ～ 3.1415927）。

除圆周率之外，我国古代著名的秦九韶算法、剩余定理等了不起的数学成就也是靠筹算得到的。

在进行筹算时，先将算筹摆成待计算的数字，再一边念口诀一边调整算筹的布局，不断形成新的数字，最终得到计算结果。以 64 × 16 为例，计算过程如下。

（1）上位布 64，下位布 16，且下位的个位与上位的最高位对齐，如图 1.24 所示。

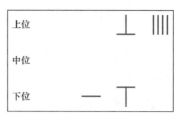

图 1.24　第（1）步

（2）上位中的 6 乘下位中的 1，得中间结果 600，并置于中位；上位中的 6 乘下位中的 6，得中间结果 360，累加至中位，中位为 960，如图 1.25 所示。

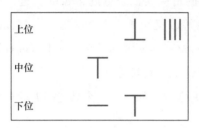 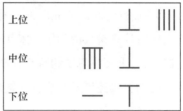

图 1.25　第（2）步

（3）移去上位的 6，下位中的数整体右移一位，如图 1.26 所示。

（4）上位中的 4 乘下位中的 1，得中间结果 40，累加至中位，中位为 1000；上位中的 4 乘下位中的 6，得中间结果 24，累加至中位，此时中位为最终结果 1024，如图 1.27 所示。

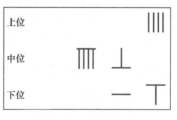

图 1.26　第（3）步

对于初学者，筹算的过程有些令人眼花缭乱，但熟练的筹算者可以达到很快的运筹速度。沈括在《梦溪笔谈》中有这样的描述："运筹如飞，人眼不能逐。"

 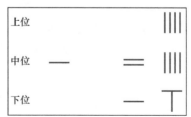

图 1.27　第（4）步

3. 算筹的缺陷

筹算虽然强大，但算筹毕竟是件简单的工具，终有捉襟见肘的时候。同现今计算机软件的发展往往会对硬件提出更高的要求一样，人们为算筹定制了丰富多样的算法和口诀，而算筹渐渐无法适应复杂的算法（如重因法、身外加减法、求一法等）。筹算时所用到的算筹数量庞大，表示单个数字就需要 1 ～ 5 根算筹，数字越多越繁乱。三国时期魏国人管辂在其《管氏地理指蒙》一书中甚至以筹喻乱："形如投算，忧愁紊乱。"

最早的算筹长约 14cm，数字 "6" 的占用面积就达近 200cm^2，进行复杂运算时需要一块大的场地。宋元时期，算筹改良至 1 ～ 3 寸（约 3 ～ 10cm），但它依然难以应对计算量大的问题。宋代马永卿在《懒真子》一书中有过对算筹占用面积的描写："卜者出算子约百余，布地上，几长丈余。"

辉煌一时的算筹逐渐被遗忘在古籍的字里行间，另一个功能强大的算具带着它的历史使命隆重登场了。

1.2.2　算盘：中国古算的活化石

在古代的所有计算工具中，中国的算盘是为算术提供了简单计算方法的唯一工具。西方（美国和欧洲）的观察者在目睹人们利用算盘完成最为复杂的计算时，往往会大为惊叹。

——法国数学历史学家乔治·伊弗拉（Georges Ifrah）

在诸多古老的计算工具中，算盘是最为人们所熟知的一种工具。在中国，年轻人即使没有摸过算盘，也一定见过它的模样。

算盘虽小，但作用奇大。古代的掌柜靠算盘结算账目，近代的科学家靠算盘计算研制原子弹的数据。今天的许多学校（甚至国外的学校）用算盘或类似于算盘的教具来启发儿童的数学思维。

同中国红、中国结、武术、诗词、瓷器一样，算盘早已成为典型的中国文化符号。

2013 年 12 月 4 日，珠算被正式列入联合国教科文组织"人类非物质文化遗产代表作名录"。

下面对中国算盘的样式、用法、起源以及其他国家的算盘和算盘的发展进行介绍。

1. 中国算盘的样式

实用型的算盘多为竹木材质（现在也有塑料材质），长方形的粗木框中从左到右串着一串串活动的算珠，一串称为一档，被中间的横梁隔为上下两部分，上方的算珠称为上珠，下方的则称为下珠，如图 1.28 所示。

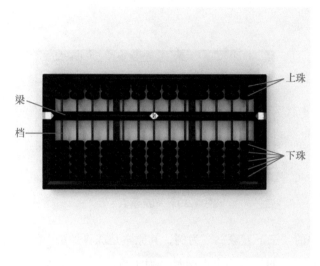

图 1.28　算盘样式

经典的算珠分布为"上二下五"（小部分现代算盘也有"上一下五"或"上一下四"的分布方式），一颗上珠代表 5，一颗下珠代表 1。按理说，每一个数位从 0 至 9 只需"上一下四"，为什么会上下都多一颗算珠呢？原因是我国古代采用的是十六进制的重量计法。常言道"半斤八两"，而 1 斤正是 16 两，"上二下五"正好可以用来表示 0 ～ 15。不仅如此，十进制的一些算法还会临时用到这两颗"多余的"算珠。

为什么会用单独分出的上珠来表示 5，而不是直接在每一档串 9 颗或 15 颗算珠呢？这种形式同算筹如出一辙（纵式中以横棍表示 5，横式中以竖棍表示 5），本质上是因为人一只手有 5 根手指，与人类广泛使用十进制是因为双手共有 10 根手指是一个道理。

2. 中国算盘的用法

算盘的用法十分简单，将相应数目的算珠推向横梁以表示加上相应数字，推离横梁则表示减去相应数字。图 1.29 所示的算盘示数为 1234567890。

虽然使用算盘的规则比较简单，但要做到熟练使用以及掌握各种复杂的口诀和算法绝非一日之功。算盘的算法——珠算是从筹算继承而来的。从最早的《数术记遗》到经典的《算法统宗》，再到如今《中国珠算大全》《世界珠算通典》等集大成的专著，所记载的口诀数不胜数。

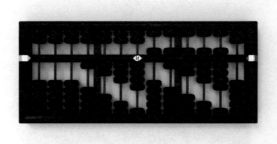

图 1.29　算盘示数示例

以最简单的"三下五除二"为例，其原本是珠算加法中的一条基本规律。如果下档中靠着横梁的算珠不少于两颗，为了给它加上 3，就需要拨下一颗表示 5 的上珠（"下五"），再去掉两颗表示 1 的下珠（"除二"），即把 +3 拆分成 +5 和 −2 两步执行。图 1.30 所示则以 3+3 为例展示了这一过程。

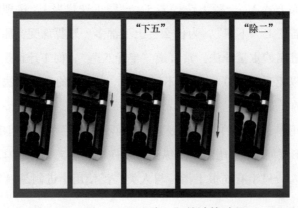

图 1.30　"三下五除二"的计算过程

3. 中国算盘的起源

算盘并非一开始就是"木棍串木珠"的形式，最初的算盘是将石子等物摆在画有辅助线或挖有沟槽的盘上，其本质是石子计数进化的产物。但中国的算盘与算筹有着一脉相承的形式与算法，更应将其视作算筹进化的产物，而算筹本身也是石子计数的产物。算具的发展环环相扣，每代算具之间其实并没有明确的界限，如图 1.31 所示。

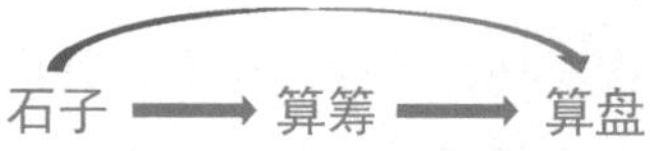

石子 ⟶ 算筹 ⟶ 算盘

图 1.31　从石子到算盘

《数术记遗》一书介绍了 14 种计算方法——"积算""太一""两仪""三才""五行""八卦""九宫""运筹""了知""成数""把头""龟算""珠算""计数"。除"计数"属于心算之外，其余 13 种均有相应的计算工具。其中，"太一""两仪""三才""九宫""珠算"等算法的工具与算盘十分形似，可以视为算盘的前身——在算板上刻画出棋盘格一样的纵横线（或挖出沟槽），将算珠置于板上，按特定的规则进行位移，像下棋一样完成计算。算珠在板上"游走"，人们形象地称这些工具为"游珠算板"。

"太一"以算珠的位置表示数字，"两仪""三才""九宫"以算珠的颜色和位置表示数字，"珠算"则以算珠的颜色和数量表示数字，这些工具生动地展示了算盘的演进。图 1.32 所示为《数术记遗》中"珠算"工具的复现，黑珠表示 5，白珠表示 1，与现今的算盘已经十分相似。

图 1.32　根据《数术记遗》复现的"珠算"游珠算板 [1]

---

[1] 图片来自《世界珠算通典》。

游珠算板显然不够便携，久而久之便产生了珠板一体的算盘。

4. 其他国家的算盘

除中国之外，各种形式的算盘还曾在其他
国家或地区出现，如印加、古埃及、古希腊、
古罗马、印度、日本、韩国、俄罗斯等，只是
它们都没有中国算盘这般"长寿"。欣赏这些
充满异国风情的算盘，如同见证了算盘演化的
历史。

1）古希腊计数板（Greek abacus）

古希腊计数板约出现于公元前 5 世纪，多
为木质或鹅卵石材质，在板上刻画辅助线用于
标记数位等信息，用鹅卵石一类的算子置于板
上进行计算。图 1.33 所示为 1846 年在希腊发
现的计数板临摹图，其实物是一块白色的大理
石板，长 150cm，宽 75cm，厚 4.5～7.5cm。

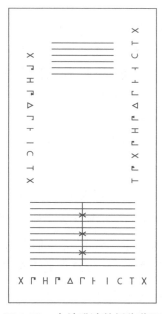

图 1.33　古希腊计数板临摹图

板上有 3 串辅助计算的符号，左侧与底部
的符号相同，右侧的一串则多了两个符号。每个符号代表着不同的数字，具体含
义如表 1.5 所示。

表 1.5　古希腊计数板符号含义

左侧与底部符号		Χ	Γ͞	Η	Γ͞	Δ	Γ͞	Ͱ	Ϲ	Τ	Χ
右侧符号	Τ	Γ͞	Χ	Γ͞	Η	Γ͞	Δ	Γ	Ͱ	Ͱ	Ϲ	Τ	Χ
含义	6000	5000	1000	500	100	50	10	5	1	1	1/2	1/4	1/8

2）古罗马沟算盘（Roman abacus）

古罗马沟算盘约产生于公元元年，算子在算盘的沟槽中游走，"上一下五"
的形式与中国算盘高度一致，因此学术界有二者是否曾相互借鉴的争议。图 1.34
所示为德国的一所博物馆于 1977 年制作的古罗马沟算盘复制品。

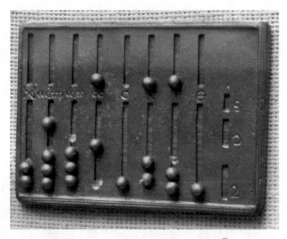

图 1.34　古罗马沟算盘复制品 [①]

3）印加算盘（Inca abacus）

印加是一个古老而神秘的帝国，他们的算盘（见图 1.35）像缩小的梯田，样子十分古怪，其用法至今不明。但在 2001 年有科学家通过研究提出了一种可能的用法——基于斐波那契数列使用。如果真是这样，那印加人的智慧实在令人叹服。

图 1.35　印加算盘 [②]

4）日本算盘（Japanese abacus）

日本算盘本质上就是中国算盘，若不特意说明，根本无法区分。图 1.36 所示为常见的日本算盘。

---

① 图片来自维基百科。

② 图片来自维基百科。

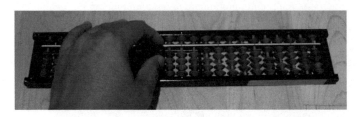

图 1.36　日本算盘 [①]

5）俄罗斯算盘（Russian abacus）

俄罗斯算盘也经过了数百年的发展变迁，因为在欧洲广泛流传，所以又称为欧洲算盘。俄罗斯算盘的最终模样与中国算盘十分相似，只不过每一档上有 10 颗珠子，没有横梁，使用时是竖放的，从右往左拨动珠子。串珠的棍子是弯的，其中间稍稍隆起，以保证珠子能静止在左右两侧，如图 1.37 所示。

该算盘上有两种颜色的珠子，这是为了便于读数。其中一档上只有 4 颗珠子，这不是残缺的，是为了方便计算特意设计的。

图 1.37　俄罗斯算盘 [②]

5. 算盘的发展

相比后来出现的计算尺、机械计算器等更先进的工具，算盘怎么看都是"落后"的。相比在 16 世纪就逐渐没落的西方算盘，中国算盘确实"长寿"得有些让人不可思议。

究其原因，一方面是因为中国珠算有着丰富的算法口诀，熟练的算盘手能拨出"无影指"的感觉。在近现代的多次节目表演中，算盘的计算速度往往超过了机械计算器甚至电子计算器。在中国古代，一把算盘足以解决人们生活中所有的日常计算。

另一方面，西方的一些国家和地区在很早就引入了灵活的笔算。西方的笔是罗马人在 6 世纪发明的羽毛笔，西方的纸是羊皮纸，适合硬笔书写。而中国的笔是适合书法绘画的毛笔，纸是渗透性好的宣纸，笔算自然举步维艰。

---

① 图片来自维基百科。

② 图片来自维基百科。

到了 21 世纪，整个世界全面步入电子时代，算盘才开始逐渐从实用领域淡出。

1.3 爱"偷懒"的西方人

1.3.1 纳皮尔筹[①]：西方人是如何"运筹帷幄"的

在计算史的中西竞赛中，中方率先打出算筹和算盘两张漂亮的"王牌"，在几千年文明史中取得了举世瞩目的数学成就，而西方在漫漫历史进程中苦苦煎熬，终于在 17 世纪迎来了曙光。

一位苏格兰贵族，用他生命的最后 3 年为世界献上了改变历史的两件礼物，他叫约翰·纳皮尔（John Napier）[②]。

1. 纳皮尔与对数

纳皮尔生于苏格兰上流社会。他的父亲既是地主，又是官员，还掌管了苏格兰造币厂；他的母亲也出身官宦世家。后来，他们家族还设立了属于自己的爵位——纳皮尔勋爵，是名副其实的贵族。

纳皮尔自小接受家庭私教，没上过小学却聪慧过人。他 13 岁就被送去圣安德鲁斯大学，大学没上多久又辍学跑到欧洲大陆进修，21 岁学成归来，24 岁买了一座城堡，在这座城堡里一住就是几十年，直到父亲去世后，他才搬到了父亲的城堡里去，一直住到与世长辞。

1614 年，纳皮尔出版了《奇妙的对数表的描述》一书，该书成为人类发明对数的标志。后人把书中提到的一种特殊对数称为纳皮尔对数，即

$$\mathrm{Naplog}\,x = 10^7 \ln \frac{10^7}{x}$$

有了对数，我们就能将乘除运算化简为加减运算，从而大大减少计算量。

$$\log_a(MN) = \log_a M + \log_a N$$
$$\log_a\left(\frac{M}{N}\right) = \log_a M - \log_a N$$

[①] 纳皮尔筹或称纳皮尔算筹。

[②] 约翰·纳皮尔（John Napier），1550—1617，苏格兰数学家、物理学家、天文学家。

　　包括纳皮尔在内的数学家们便开始着手计算常用数字的对数值，将它们列成表格并印刷成册，像字典一样。

　　图 1.38 所示为常用对数表。常用对数是指以 10 为底的对数。如何使用它呢？取两个乘积能落在 1000 ~ 1500 的数字进行举例，如

$$16 \times 64 = 1024$$

No.	0	d	1	d	2	d	3	d	4	d	5	d	6	d	7	d	8	d	9	d
100	00000	43	00043	44	00087	43	00130	43	00173	44	00217	43	00260	43	00303	43	00346	43	00389	43
101	00432	43	00475	43	00518	43	00561	43	00604	43	00647	42	00689	43	00732	43	00775	43	00817	43
102	00860	43	00903	42	00945	43	00988	42	01030	42	01072	43	01115	42	01157	42	01199	43	01242	42
103	01284	42	01326	42	01368	42	01410	42	01452	42	01494	42	01536	42	01578	42	01620	42	01662	41
104	01703	42	01745	42	01787	42	01828	42	01870	42	01912	41	01953	42	01995	41	02036	42	02078	41
105	02119	41	02160	42	02202	41	02243	41	02284	41	02325	41	02366	41	02407	42	02449	41	02490	41
106	02531	41	02572	40	02612	41	02653	41	02694	41	02735	41	02776	40	02816	41	02857	41	02898	40
107	02938	41	02979	40	03019	41	03060	40	03100	41	03141	40	03181	41	03222	40	03262	40	03302	40
108	03342	41	03383	40	03423	40	03463	40	03503	40	03543	40	03583	40	03623	40	03663	40	03703	40
109	03743	39	03782	40	03822	40	03862	40	03902	39	03941	40	03981	40	04021	39	04060	40	04100	39
110	04139	40	04179	39	04218	40	04258	39	04297	39	04336	40	04376	39	04415	39	04454	39	04493	39
111	04532	39	04571	39	04610	40	04650	39	04689	38	04727	39	04766	39	04805	39	04844	39	04883	39
112	04922	39	04961	38	04999	39	05038	39	05077	38	05115	39	05154	38	05192	39	05231	38	05269	38
113	05308	38	05346	39	05385	38	05423	38	05461	39	05500	38	05538	38	05576	38	05614	38	05652	38
114	05690	38	05729	38	05767	38	05805	38	05843	38	05881	37	05918	38	05956	38	05994	38	06032	38
115	06070	38	06108	37	06145	38	06183	38	06221	37	06258	38	06296	37	06333	38	06371	37	06408	38
116	06446	37	06483	38	06521	37	06558	37	06595	38	06633	37	06670	37	06707	37	06744	37	06781	38
117	06819	37	06856	37	06893	37	06930	37	06967	37	07004	37	07041	37	07078	37	07115	37	07151	37
118	07188	37	07225	37	07262	36	07298	37	07335	37	07372	36	07408	37	07445	37	07482	36	07518	37
119	07555	36	07591	37	07628	36	07664	36	07700	37	07737	36	07773	36	07809	37	07846	36	07882	36
120	07918	36	07954	36	07990	37	08027	36	08063	36	08099	36	08135	36	08171	36	08207	36	08243	36
121	08279	35	08314	36	08350	36	08386	36	08422	36	08458	35	08493	36	08529	36	08565	35	08600	36
122	08636	36	08672	35	08707	36	08743	35	08778	36	08814	35	08849	35	08884	35	08920	35	08955	36
123	08991	35	09026	35	09061	35	09096	36	09132	35	09167	35	09202	35	09237	35	09272	35	09307	35
124	09342	35	09377	35	09412	35	09447	35	09482	35	09517	35	09552	35	09587	34	09621	35	09656	35
125	09691	35	09726	34	09760	35	09795	35	09830	34	09864	35	09899	35	09934	34	09968	35	10003	34
126	10037	35	10072	34	10106	34	10140	35	10175	34	10209	34	10243	35	10278	34	10312	34	10346	34
127	10380	35	10415	34	10449	34	10483	34	10517	34	10551	34	10585	34	10619	34	10653	34	10687	34
128	10721	34	10755	34	10789	34	10823	34	10857	34	10890	34	10924	34	10958	34	10992	33	11025	34
129	11059	34	11093	33	11126	34	11160	33	11193	34	11227	34	11261	33	11294	33	11327	34	11361	33
130	11394	34	11428	33	11461	33	11494	34	11528	33	11561	33	11594	34	11628	33	11661	33	11694	33
131	11727	33	11760	33	11793	33	11826	34	11860	33	11893	33	11926	33	11959	33	11992	32	12024	33
132	12057	33	12090	33	12123	33	12156	33	12189	33	12222	32	12254	33	12287	33	12320	32	12352	33
133	12385	33	12418	32	12450	33	12483	33	12516	32	12548	33	12581	32	12613	33	12646	32	12678	32
134	12710	33	12743	32	12775	33	12808	32	12840	32	12872	33	12905	32	12937	32	12969	32	13001	32
135	13033	33	13066	32	13098	32	13130	32	13162	32	13194	32	13226	32	13258	32	13290	32	13322	32
136	13354	32	13386	32	13418	32	13450	31	13481	32	13513	32	13545	32	13577	32	13609	31	13640	32
137	13672	32	13704	31	13735	32	13767	32	13799	31	13830	32	13862	31	13893	32	13925	31	13956	32
138	13988	31	14019	32	14051	31	14082	32	14114	31	14145	31	14176	32	14208	31	14239	31	14270	31
139	14301	32	14333	31	14364	31	14395	31	14426	31	14457	32	14489	31	14520	31	14551	31	14582	31
140	14613	31	14644	31	14675	31	14706	31	14737	31	14768	31	14799	30	14829	31	14860	31	14891	31
141	14922	31	14953	30	14983	31	15014	31	15045	31	15076	30	15106	31	15137	31	15168	30	15198	31
142	15229	30	15259	31	15290	30	15320	31	15351	30	15381	31	15412	30	15442	31	15473	30	15503	31
143	15534	30	15564	30	15594	31	15625	30	15655	30	15685	30	15715	31	15746	30	15776	30	15806	30
144	15836	30	15866	31	15897	30	15927	30	15957	30	15987	30	16017	30	16047	30	16077	30	16107	30
145	16137	30	16167	30	16197	30	16227	29	16256	30	16286	30	16316	30	16346	30	16376	30	16406	29
146	16435	30	16465	30	16495	30	16524	30	16554	30	16584	29	16613	30	16643	30	16673	29	16702	30
147	16732	29	16761	30	16791	29	16820	30	16850	29	16879	30	16909	29	16938	29	16967	30	16997	29
148	17026	30	17056	29	17085	29	17114	29	17143	30	17173	29	17202	29	17231	29	17260	29	17289	30
149	17319	29	17348	29	17377	29	17406	29	17435	29	17464	29	17493	29	17522	29	17551	29	17580	29
150	17609	29	17638	29	17667	29	17696	29	17725	29	17754	28	17782	29	17811	29	17840	29	17869	29
No.	0	d	1	d	2	d	3	d	4	d	5	d	6	d	7	d	8	d	9	d

比例部分（Proportional parts）：

	44	43		42	41		40	39		38	37		36	35		36	35
1	4	4	1	4	4	1	4	4	1	4	4	1	4	4	1	3	3
2	9	9	2	8	8	2	8	8	2	8	7	2	7	7	2	7	7
3	13	13	3	13	12	3	12	12	3	11	11	3	11	10	3	10	10
4	18	17	4	17	16	4	16	16	4	15	15	4	14	14	4	14	13
5	22	22	5	21	20	5	20	20	5	19	18	5	18	18	5	17	16
6	26	26	6	25	25	6	24	23	6	23	22	6	22	21	6	22	21
7	31	30	7	29	29	7	28	27	7	27	26	7	25	24	7	24	23
8	35	34	8	34	33	8	32	31	8	30	30	8	29	28	8	27	26
9	40	39	9	38	37	9	36	35	9	34	33	9	32	32	9	31	30

图 1.38　常用对数表 [1]

---

① 图片来自维基百科。

根据对数换算公式有

$$\lg(16 \times 64) = \lg 16 + \lg 64$$

我们不妨用计算器分别算一下 16 和 64 的常用对数值,即

$$\lg 16 \approx 1.20412$$
$$\lg 64 \approx 1.80618$$

400 年前,这两个数字可在 1 ~ 1000 的常用对数表上查到。求和得

$$\lg 16 + \lg 64 \approx 1.20412 + 1.80618 = 3.01030$$

查表可知,3.01030 对应的是 1024。

以上简单模拟了那个年代对数表的查表过程。在 16×64 的小计算量级下,你也许会觉得多此一举,但当数字的位数一多,对数表就可以大大减少复杂的计算了。

1617 年,纳皮尔离世。也正是在这一年,他的另一本专著 *Rabdology* 在爱丁堡出版。书名 *Rabdology* 由纳皮尔根据希腊语中表示"小棒"的单词 rod 和表示"计算"的单词 logos 组合而成,因而此书常译作《小棒计算》。这里,"小棒"就是纳皮尔筹,是对数之外纳皮尔留给世人的第二件珍贵遗产。

2. 纳皮尔筹

纳皮尔筹是一种算筹,也常译作纳皮尔骨筹或纳皮尔棒。其材质多样,包括兽骨、木、金属、硬纸板等。图 1.39 所示为一套 1650 年左右的象牙材质纳皮尔筹。

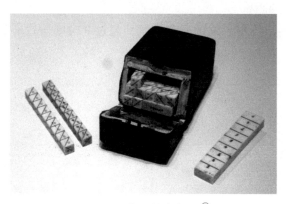

图 1.39 象牙纳皮尔筹 [1]

———————————

① 图片来自维基百科。

　　和对数一样，纳皮尔筹的发明也是为了将乘除等复杂运算降解为加减等简单运算。

　　如图 1.40 所示，成套的纳皮尔筹配有一块算板，用于盛放算筹。算板的左边框中从上至下标注着 1 ～ 9，与每根算筹上的 9 个方格一一对应；算筹有 10 种，筹上的方格里分别填着 0 ～ 9 与左边框数字的乘积。简单地说，这是一张九九乘法表。

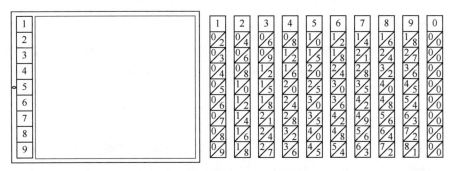

图 1.40　纳皮尔筹中的算板和算筹

　　对于每根算筹，除顶部的一个方格之外，下面的 8 个方格上都画有对角线，用于将十位数与个位数分开，这么做是为了使用一种叫作格子乘法（或可更形象地称之为百叶窗乘法）的算法。简单的例子如下。

$$128 \times 8 = 1024$$

　　取用 1、2、8 共 3 根筹（被乘数）置于板上，而后把目光投向第 8 行（乘数），如图 1.41 所示。

　　以斜线为界，将每一位的乘积相加，超过 9 时则通过心算进行进位，如图 1.42 所示。

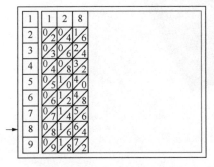

图 1.41　纳皮尔筹使用示例

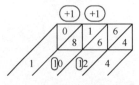

图 1.42　格子乘法示例

除法的降解步骤稍微复杂一些。开平方运算则更加繁复，还需要引入一种专用的新筹——平方根筹，如图 1.43 最右侧所示。

1	2	3	4	5	6	7	8	9	0	0⁄1	2	1
0⁄2	0⁄4	0⁄6	0⁄8	1⁄0	1⁄2	1⁄4	1⁄6	1⁄8	0⁄0	0⁄4	4	2
0⁄3	0⁄6	0⁄9	1⁄2	1⁄5	1⁄8	2⁄1	2⁄4	2⁄7	0⁄0	0⁄9	6	3
0⁄4	0⁄8	1⁄2	1⁄6	2⁄0	2⁄4	2⁄8	3⁄2	3⁄6	0⁄0	1⁄6	8	4
0⁄5	1⁄0	1⁄5	2⁄0	2⁄5	3⁄0	3⁄5	4⁄0	4⁄5	0⁄0	2⁄5	10	5
0⁄6	1⁄2	1⁄8	2⁄4	3⁄0	3⁄6	4⁄2	4⁄8	5⁄4	0⁄0	3⁄6	12	6
0⁄7	1⁄4	2⁄1	2⁄8	3⁄5	4⁄2	4⁄9	5⁄6	6⁄3	0⁄0	4⁄9	14	7
0⁄8	1⁄6	2⁄4	3⁄2	4⁄0	4⁄8	5⁄6	6⁄4	7⁄2	0⁄0	6⁄4	16	8
0⁄9	1⁄8	2⁄7	3⁄6	4⁄5	5⁄4	6⁄3	7⁄2	8⁄1	0⁄0	8⁄1	18	9

图 1.43　附带平方根筹的纳皮尔筹

3. 纳皮尔筹的发展

纳皮尔筹风靡一时，并出现了许多改进和变形，如把筹做成可以旋转的圆柱。图 1.44 所示为一套 1680 年左右的圆柱形纳皮尔筹。

图 1.44　圆柱形纳皮尔筹[①]

此类圆柱形纳皮尔筹给后来机械计算器的发明提供了灵感。以德国的威廉·契克卡德、意大利的蒂托·布拉蒂尼、英国的塞缪尔·莫兰、法国的勒内·格里耶为代表的一众机械计算先驱都以纳皮尔筹为基础构建了机械计算器。图 1.45

---

① 图片来自维基百科。

所示为勒内·格里耶基于圆柱形纳皮尔筹构建的机械计算器。

图 1.45　勒内·格里耶构建的机械计算器[1]

　　到了 19 世纪，为了便于读数，有人干脆把纳皮尔筹做成了斜的，如图 1.46 所示。

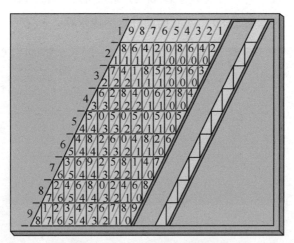

图 1.46　斜形纳皮尔筹[2]

　　17 世纪，纳皮尔筹传入中国后，出现了各式各样的变形。例如，清代数学家梅文鼎把它改成了用半圆来代替对角线的横筹，如图 1.47 所示。两筹并列之时，相同位数上的数字便处在同一个圆内。

① 图片来自维基百科。

② 图片来自维基百科。

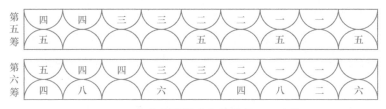

图 1.47 梅文鼎版纳皮尔筹的第五、六筹

1.3.2 计算尺："丈量"宇宙的直尺

纳皮尔筹启发了后来的机械计算，而纳皮尔发明的对数则造就了另一件在手动时期风靡世界的计算工具——计算尺（slide rule）。

1. 计算尺的诞生

1）对数尺

虽然对数实现了"计算降维"，但密密麻麻的对数表查阅起来总让人眼花，厚厚的书册很不便于携带。英国数学家埃德蒙·冈特（Edmund Gunter）认为，既然对数可以把两个数的求积问题转换为两个对数的求和，那么如果把一个对数视为一段可以用直尺丈量的长度，对数之和不就可以利用直尺直接量出来了吗？

1620 年，冈特将对数表刻到一把直尺上，借助圆规一类的辅助工具实现了这种想法，这把尺叫作对数尺。以计算 16×64 为例，先将圆规两脚分别指向 lg1 和 lg16 的位置，此时圆规脚的跨度代表着 lg16 的值；而后保持圆规的张角不变，平移使其左脚指向乘数 64 的位置，此时右脚所指的值便是计算结果，如图 1.48 所示。

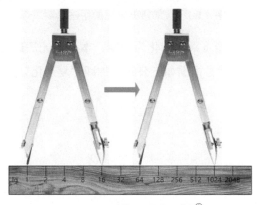

图 1.48 对数尺用法示例[1]

---

① 图中只标出了对数尺的主要刻度，省略了其间的诸多子刻度。

2）计算尺雏形

1622 年，另一位英国数学家威廉·奥特雷德觉得圆规有点累赘，不如直接将两把对数尺并排放置，通过相对滑动就可以实现尺上示数的相加，由此形成了计算尺的雏形。

以计算 2×3 为例，将上侧对数尺的起始刻度（刻度 1）与下侧对数尺的刻度 2（被乘数）对齐，读取上尺刻度 3（乘数）所对应的下尺刻度（刻度 6），即为最终结果，如图 1.49 所示。

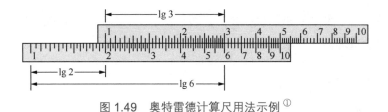

图 1.49　奥特雷德计算尺用法示例[1]

对数尺上的刻度范围是有限的，例如，上图中两尺的取值范围均为 1 ~ 10，如果结果大于 10，如 2×6，该如何计算呢？针对这种情况，需要先把上侧对数尺左移，使其终止刻度（刻度 10）与下侧对数尺的刻度 2（被乘数）重合，相当于除以了 10，即将 2×6 缩小至 2×0.6。而后读取上尺刻度 6（乘数）所对应的下尺刻度（刻度 1.2），再乘以 10，即为最终结果 12，如图 1.50 所示。

图 1.50　结果超出量程的用法示例[2]

有趣的是，计算尺能将乘除简化为加减，本身却无法进行加减运算。对此，一种常用的解决方案居然是根据如下公式把加减"复杂化"为乘除。

$$x + y = \left(\frac{x}{y} + 1\right) y$$

$$x - y = \left(\frac{x}{y} - 1\right) y$$

---

① 图片来自维基百科。

② 图片来自维基百科。

除对数值之外，人们陆续在计算尺上印上了三角函数值、幂、平方根等其他常用运算的值。尺的组成则从 2 把改进成了 3 把：中间是一把可滑动的尺，称为滑尺；上下是两把固定的尺，称为定尺。滑尺和定尺上均标有不同含义的刻度线，两者的刻度相互吻合代表了不同运算（乘除运算、求根、求幂、三角函数等）的结果。

3）计算尺改良

计算尺为科学家的工作提供了便利，却在诞生之后足足沉寂了两个多世纪。直到 1850 年，英国数学家摩根还在为计算尺的冷遇感到不解和惋惜："只需区区几先令，多数人就能把这种比他们自己的头脑强数百倍的计算工具纳入囊中（可他们就是不愿意）。"

就在这一年，一位年仅 19 岁的法国炮兵中尉阿梅代·马内姆给计算尺加上了一个透明游标，如图 1.51 所示。有了中间的细线，读数变得更便捷也更准确了。这一巧妙的设计被沿用了下来，固定了计算尺的最终模样。此后，计算尺在欧洲迅速走红，而马内姆也被人们称为现代计算尺之父。

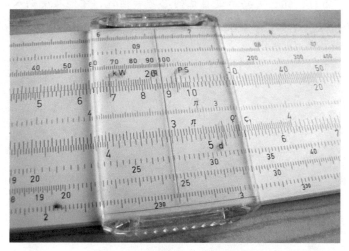

图 1.51　计算尺上的游标[①]

2. 计算尺的发展

从马内姆所在时代开始，科学家与工程师们几乎人手一把计算尺，一些讲究

---

① 图片来自维基百科。

品位的工程师甚至还用名木或象牙等昂贵材料制成的计算尺。

邓稼先、郭永怀、于敏研制"两弹一星",离不开计算尺;黄旭华研制核潜艇,离不开计算尺;阿波罗登月的飞船上备着计算尺以备不时之需,如图 1.52 所示;冷战期间,美国的冯·布劳恩和苏联的科罗廖夫两位"学科带头人",用的竟是同一家公司的计算尺……

20 世纪 40 年代,李政道师从大物理学家费米,那时费米只带了李政道一个研究生,每周他们都会花半天时间讨论学术问题。有一次,费米问起太阳中心的温度,于是有了下面这段经典的对话。

李政道:"用热力学温度表示,大概 10^7K[1]。"

费米:"你怎么知道的?"

李政道:"从文献上看来的。"

费米:"你自己有没有演算过?"

李政道:"没有,因为这个计算比较复杂,文献讲他们算出是 10^7K,我觉得很合理。"

费米:"不行,你一定要通过自己的思考和估计,才能接受别人的结论。我们要想一个办法,不如做一把大的计算尺。"

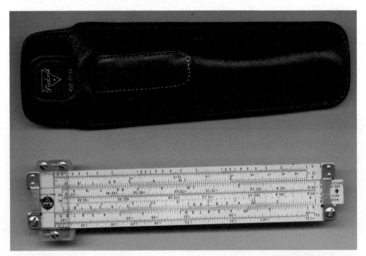

图 1.52　随阿波罗登月的 Pickett N600-ES 型计算尺[2]

---

① 按热力学温标度量的温度,单位符号为 K。

② 图片来自美国数字公共图书馆。

于是，尽管研究方向与太阳毫不搭边，两位求真务实的科学家还是花了两天时间做了一把当时最大的计算尺，"抽拉"1小时后，验算出太阳中心的温度的确是 10^7K 左右。一把小小的尺子，却有着"丈量"宇宙的能耐。

除标准尺之外，各领域还出现过多种多样的专用尺。化学家的计算尺上标有相对分子质量，船舶工程师的计算尺上有水压公式，粒子物理学家的计算尺上则有放射性衰变常数……

图1.53所示为一套专门用来测量胶卷曝光时间的计算尺，上面有一张用于估算时间的硬纸卡片。

图1.54所示为瑞士军队在1914—1940年使用的暗号计算尺，通过它，人们可以很方便地对机密信息进行解密和加密。

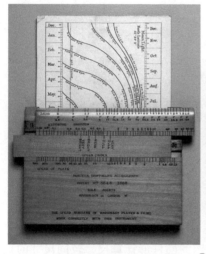

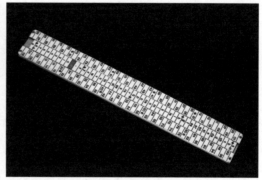

图1.53 测量胶卷曝光时间的计算尺[①]　　图1.54 暗号计算尺[②]

计算尺的形状十分多样，除直尺形之外，圆盘状、圆柱形的计算尺比比皆是。事实上，奥特雷德在发明计算尺的短短几年之后又发明了圆形计算尺。

图1.55所示为日本Concise公司生产的圆形计算尺，具有平方、开方等计算功能。

图1.56所示为一枚刻有计算尺的戒指。

图1.57所示为一款俄罗斯生产的表盘形计算尺，状如怀表。

---

① 图片来自维基百科。

② 图片来自维基百科。

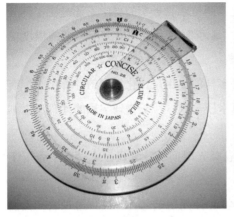

图 1.55　圆形计算尺[1]

图 1.56　刻有计算尺的戒指[2]

图 1.57　表盘形计算尺[3]

图 1.58 所示为百年灵"航空计时"手表，其表盘上刻有一圈计算尺。

图 1.59 所示为英国工程师奥蒂斯·金发明的圆柱形计算尺，较同尺寸的直尺形计算尺有着更大的取值范围和更高的计算精度。

计算尺的便捷与廉价，使它和古老的算盘一起，成为电子计算时代到来之前人们最常用的计算工具，连后来已经算得上半自动的机械计算器也没能取代它们的位置。直到 20 世纪 60 年代，随着便携式电子计算器的兴起，计算尺才逐步退出历史舞台。有趣的是，设计电子计算器所需的很多运算都是靠计算尺完成的——计算尺"亲手"把自己送进了博物馆。

---

① 图片来自维基百科。

② 图片来自维基百科。

③ 图片来自维基百科。

图 1.58 百年灵"航空计时"手表 [1]

图 1.59 圆柱形计算尺 [2]

1.4 小结

本章介绍了手动时期一系列典型的计算工具，其发展历程与人类文明演进历程相似——从利用自然到改造自然，再到发明创造。

手指是最易获取的"工具"，石子一类次之；从契刻开始，人们有了改造自然物的想法；结绳和算筹则已是批量化、统一化制造的产物；算盘、纳皮尔筹和对数尺则是目的性更强的发明创造。这不仅是人类创造力不断提升的过程，还是人类对工具便携性和易用性不断追求的过程。

这些工具在本质上是一脉相承的，其发展从未跳跃，始终是一个循序渐进的

---

① 图片来自维基百科。

② 图片来自维基百科。

过程。它们出现的顺序很难明确，往往并存于某段时期内。手指启发人类提出了进制的概念，石子和木棍是契刻和算筹的"鼻祖"，算筹和纳皮尔筹是石子和契刻进化的产物，算盘则是石子和算筹发展的最终形态。

有了工具，还要有用法。在后来成型的计算机概念中，工具对应硬件，用法对应软件。你会发现，手动时期的工具虽然简单，但其发展过程是一个软硬件相互制约、相互促进的过程。

在手指和石子阶段，由于"硬件"是既定的，人们不得不为其量身定制"软件"；在结绳和契刻阶段，人们对现成的"硬件"进行了简单改造，工具有了更丰富的用法，硬件开始迎合"软件"的需求。算筹和算盘体现了中国人"大道至简"的哲学智慧，"硬件"变得简约和次要，强大的"软件"成为主角，其中的算筹也因"硬件"无法满足"软件"的发展而最终被算盘取代。

第2章

天才辈出的机械时期

2.1 思想萌芽：从哲学中诞生的机械计算思维

手动时期的计算工具要么是自然界中现成的，要么是简单制作而成的，其原理都十分简单。许多经典的计算工具之所以强大，是由于依托了强大的使用方法（即算法），工具本身并不复杂。因此，手动时期的人们在进行计算时，除动手之外，还需要动脑，甚至动口（念口诀），必要时还得动笔（记录中间结果），人工成本很高。

机械计算是人类"偷懒"的必然结果。

2.1.1 哲学家的思维轮盘

早在中世纪，就有哲学家提出了用机器来实现人脑部分功能的想法。

13—14世纪，一位名为拉蒙·卢尔的哲学家在其《大艺术》（*Ars Magna*）一书中构想了一种思维轮盘，将18种基本思想元素刻印在若干圈可旋转的同心圆盘上，如图2.1所示，其中包括善良、伟大、永恒、力量、智慧、意志、美德、真理、荣誉、差异、和谐、矛盾、开始、中间、结束、多数、少数与平等。旋转圆盘就可用于组合出各种值得探讨的问题，如"永恒的真理与荣誉和谐吗？""伟大的智慧与意志存在差异吗？"等。

这一现在看来似乎毫无技术含量的机械装置却对后世的哲学家影响深远。著名哲学家莱布尼茨（Leibniz）在他的《论组合术》（*De Arte Combinatoria*）一书中对卢尔的思维轮盘进行了详尽探讨和有效改进，如图2.2所示，并称其为艺术的组合（arts combinatoria），进而为数理逻辑奠定了基础。

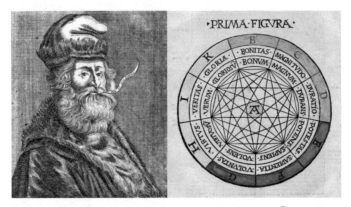

图 2.1　拉蒙·卢尔的肖像及其思维轮盘 ①

图 2.2　莱布尼茨的肖像及其思维轮盘 ②

思维轮盘的本质是将思维拆解为一个个最基本的通用元素，再通过合理的规则与推导对这些元素进行组合，前者好比数据，后者好比算法，计算机领域的一些学者认为其历史地位不容小觑，可视为信息学（Informatics）之滥觞。

2.1.2　达·芬奇的神秘手稿

达·芬奇不仅是一位伟大的画家，还是一位极优秀的发明家、建筑学家、数学家等。他对多个领域的研究留存于上万页的手稿中。爱因斯坦甚至认为，如果

---

① 图片来自维基百科、Internet Archive。

② 图片来自维基百科。

这些手稿在当时就能发表，那么人类科技的进程能提前半个世纪。

20世纪60年代，研究人员在马德里发现了达·芬奇的两卷手稿，并将其命名为马德里手稿（Codex Madrid），如图2.3所示。手稿中精致的机械设计图令人震撼，这哪里像艺术家的手笔，分明是一位职业工程师的笔记！

图2.3　达·芬奇自画像及其马德里手稿的部分页[1]

马德里手稿约绘于15世纪末至16世纪初，其中有一页被视为某种计算装置的草图，如图2.4所示。

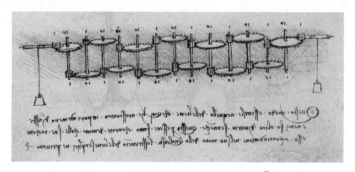

图2.4　马德里手稿中的计算装置[2]

研究达·芬奇的专家罗伯托·瓜泰利博士在1968年做出了这一装置的复制品，如图2.5所示。他认为这是一种低位轮旋转一周可以使高位轮旋转一格（即进位）的加法器，但也有学者认为这只是某种比例为1∶10的缩放装置。但不论是加法器还是缩放装置，都是一件将某种运算过程机械化的装置。

① 图片来自维基百科、*Tratado de Estatica Y Mechanica en Italiano*。

② 图片来自 *Tratado de Estatica Y Mechanica en Italiano*。

图 2.5　马德里手稿中计算装置的复制品 [1]

2.1.3　中国的机械装置

在中国，机械装置的历史更是十分久远。

黄帝和蚩尤打仗时发明了指南车，在此之后，地动仪、浑天仪、水运仪象台（天文钟），数不胜数，其中的好多装置事实上已经实现了某些特定的计算功能。然而，工具都是应需求而生的，纵使我国古代的机械水平很高，但对计算（确切地说是大批量计算）没有更高的需求，因此缺少了发展机械计算的相关研究。

通用机械计算设备在 17 世纪的西方世界得到了不断发展。

2.1.4　辉煌的 17 世纪

17 世纪是人类科学飞跃发展的奇迹时代，黑暗的中世纪已经终结，文艺复兴带来了人性的光辉，封建社会逐步瓦解，资本主义开始建立，人的创造力得到空前解放。

随着解析几何、微积分、概率论等关键理论的创立，以及无理数、虚数、导数、对数等基本概念的引入，人类开始拥有强大的数学武器。在伽利略发明天文望远镜、开普勒提出行星运动三大定律、牛顿发现万有引力并创立经典力学之后，人类又打开了奇妙的物理之窗，把整个宇宙"摆"到书桌上；折射与衍射、速度与波动，光的神秘面纱被层层揭开；化学元素则被重新定义，作为一门现代

---

[1]　图片来自论文 "The Controversial Replica of Leonardo da Vinci's Adding Machine"。

科学，化学终于从古老的炼金术中破茧而出……

这些都是现代科学的基石。

与此同时，资本主义在扩张，航海业蓬勃兴起，想在海上导航就离不开天文历表。

在那个没有自动化计算设备的时代，一些常用的数据通常要通过查表才能获得，从事特定行业、需要某些常用数值的人们就会购买相应的数学用表（从简单的加法表到对数表和三角函数表等），以便查询。而这些表中的数值是由数学家们借助算盘、计算尺这类简单的计算工具一个个算出来的，算完还要核对，仿佛在做最基础的算术作业，脑力活硬生生沦为了苦力活。辛苦的结果还往往不见得是好的，人为计算常会出错，当时出版的数学用表几乎没有一份是零差错的。

2.2 机械计算的第一之争

在机械计算呼之欲出的 17 世纪，是谁有幸拔得头筹，成为史上第一个发明机械计算器的人？

长久以来，学术界一致认为这个人是法国物理学家帕斯卡，他的机器一经问世便备受追捧，他也注定名垂青史。可在帕斯卡之前，这份荣誉其实早就另有其主，他的成就被尘封了 3 个世纪之久，险些成为无人知晓的历史尘埃。

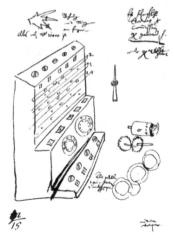

2.2.1 计算钟：被遗忘的第一台机械计算器

1935 年，人们在整理天文学家开普勒留下的研究资料时发现了 300 年前的几张图纸，如图 2.6 所示。当时人们不知道上面画的是什么，直到 22 年后的 1957 年，开普勒的一位传记作者

图 2.6　开普勒遗物中的图纸[①]

---

① 图片来自维基百科。

才辨认出来，那是真正的历史上第一台机械计算器，它比帕斯卡机的问世早了约
20 年。

这幅草图从开普勒的一本书中滑落，大概被他用作书签了，幸好开普勒没有
随手丢弃，后人才得以了解这段关键的历史。

这幅草图出自一位德国天才——威廉·契克卡德[1]，大多数读者可能对他一
无所知。确实，在历史的长河中，他能被人广知也正是仰仗这台只在纸上留传下
来的机器。

那么这台机器是如何计算的呢？它的稿纸又为什么会出现在开普勒的遗物中
呢？故事要从契克卡德的早年经历讲起。

1. 契克卡德早年经历

契克卡德的人生轨迹非常简单，几乎一辈
子都生活在家乡附近。契克卡德出生于德国一
个叫黑伦贝格的小镇，长大后去了离家只有几
十公里远的图宾根大学学习犹太语，17 岁获得
学士学位，19 岁硕士毕业。他毕业之后又在学
校里深造了两年，继续研究阿拉米语、希伯来
语等。他 21 岁踏足社会，第一份工作是路德
教会的牧师。27 岁时他就被母校聘为教授，教
了 12 年的希伯来语。威廉·契克卡德的肖像如
图 2.7 所示。

图 2.7　威廉·契克卡德的肖像[2]

虽然他的职业生涯看似中规中矩，但契克卡德在主业之外是个颇具创造力的
天才。他的研究领域甚为广泛，在天文学、测量学、数学、政治和地图绘制等领
域均有建树。他还擅长发明创造，在图宾根大学任教期间，为了提高教学质量，
他便制作了一件可以组合希伯来语词根的教具。

在教会担任牧师期间，契克卡德遇到了另一位天才——约翰尼斯·开普勒。
开普勒年轻时的人生轨迹和契克卡德非常相似：同样就读于图宾根大学，同

---

[1] 威廉·契克卡德，1592—1635，德国希伯来语、数学和天文学教授。

[2] 图片来自维基百科。

样在路德教会当过牧师，还求学于同一位恩师——迈克尔·梅斯特林。1617 年，开普勒回图宾根办事，在梅斯特林的引见下，二人相识。

开普勒在日记中这样写道："我认识了一位杰出的天才，一个热爱数学的年轻人，一名勤勉的匠人，一位东方语言爱好者——威廉。"

这一年，开普勒 46 岁，契克卡德 25 岁，一个是曾经的牧师，一个还正在教会工作。在那个地心说占据统治地位的时代，两个日心说的支持者一见如故，结为忘年之交。除探讨天文学上的问题之外，开普勒还请契克卡德为他的书制作木刻插画①。开普勒离开图宾根后，两人还保持着书信联系，契克卡德甚至还帮忙照看了开普勒正在图宾根上学的儿子。

1623 年 9 月 20 日，契克卡德在信中提到自己构思出了一种计算机器，可以帮助开普勒计算月球轨道和星历表，开普勒当然很感兴趣，回信表示希望可以为他定制一台。契克卡德便委托当地一位叫约翰尼斯·菲斯特的能工巧匠制造这台机器，结果还没造好，就在 1624 年 2 月一天夜晚的一场火灾中被毁坏了。契克卡德本来就对齿轮的做工不够满意，也无意重造，只得写信告知开普勒这个噩耗，并附上了一些图文说明，也就是那些在开普勒的书中沉寂 3 个世纪的图纸。

学术界普遍认为，契克卡德在写前一封信时已经建成了一台原型机，只不过这台机器最终下落不明，没有保存下来。

2. 计算钟

契克卡德设计的这台机器后来被称为 Rechenuhr，德语中 Rechnen 表示"算术"，uhr 表示"时钟"，因此通常将 Rechenuhr 译为"计算钟"。为什么称为"钟"呢？因为当计算结果溢出（超出 6 位数）时，机器会发出响铃警告，这样的设计在当时相当智能。

契克卡德的手稿被辨认之后，图宾根大学一位名叫布鲁诺·冯·弗雷塔格 - 洛林霍夫的学者立刻开展了相关研究，并于 1960 年制作出了计算钟的复制品，如图 2.8 所示。

---

① 那个时代的插画需在木板上雕刻图样而后蘸墨印到书上。

图 2.8　计算钟的复制品 [1]

计算钟支持 6 位整数计算，主要由乘法器、加法器和中间结果记录装置 3 部分组成。它们虽然集成在同一台机器上，但是相互之间没有任何物理关联。位于机器底座的中间结果记录装置是一组简单的置数旋钮，主要是为了省去计算过程中笔和纸的参与，下面详细解说一下乘法器和加法器的实现原理及使用方法。

1）乘法器

乘法器部分其实就是对圆柱形纳皮尔筹的封装，将整数 0 ～ 9 的乘法表印在圆柱面上，展开之后如图 2.9 所示。圆柱顶端的旋钮分为 10 个刻度，每旋转 36° 就能依次将筹上 0 与整数 0 ～ 9 的乘积、1 与整数 0 ～ 9 的乘积……9 与整数 0 ～ 9 的乘积面向使用者。筹共有 6 根，依次旋转 6 个旋钮即可完成对被乘数的置数。横向贯穿编号为 2 ～ 9 的 8 根掏有空窗的挡板，用于代表乘数，左右平移某根挡板便可露出 6 根筹在这一行上的数字，即该乘数与被乘数每一位的乘积。

1973 年，德国为纪念计算钟 350 周

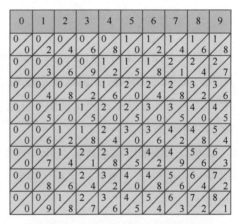

图 2.9　圆柱形纳皮尔筹柱面展开图

---

① 图片来自维基百科。

年专门发行了一枚邮票。邮票上的计算钟展示了 100722×4 的计算状态。计算钟顶部的旋钮置数为 100722，编号为 4 的挡板左移，露出了 100722 中各位数与 4 相乘的积——04、00、00、28、08、08。通过心算将其错位相加，如图 2.10 所示，我们即可得到最终结果 402888。

图 2.10　100722×4 的心算过程

2）加法器

加法器部分通过齿轮实现累加功能，6 个旋钮同样分有 10 个刻度，旋转旋钮即可置入 6 位整数。图 2.11 所示为加法器的结构，每个旋钮的零件由外而内（图中为由左至右）依次为置数旋钮、标有刻度的挡板、示数轮和进位装置。示数轮朝上的数字可以在上侧挡板的小窗口中看到。进位装置由多个齿轮构成，后文会对其进行详述。

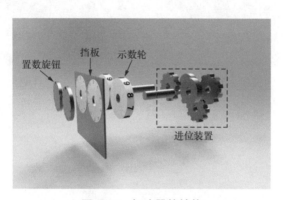

图 2.11　加法器的结构

需要加上一个 N 位的十进制数时，就将右侧 N 个旋钮顺时针旋转相应的格数。以 512+512 为例，其计算过程如图 2.12 所示。

（1）将 6 个旋钮的读数设置为 000512，如图 2.12（a）所示。

（2）个位加 2，即从右往左第 1 个旋钮顺时针旋转 2 格，512+2=514，如图 2.12（b）所示。

（3）十位加 1，即从右往左第 2 个旋钮顺时针旋转 1 格，514+10=524，如图 2.12（c）所示。

（4）百位加 5，即从右往左第 3 个旋钮顺时针旋转 5 格，发生进位，524+500=1024，如图 2.12（d）所示。

完成这一过程的关键在于通过齿轮传动实现自动进位。计算钟使用单齿进位机构，通过在轴上增加一个只有一个齿的齿轮（单齿轮）来实现自动进位，如图 2.13 所示（为了清晰展示，特意拉大了齿轮间距）。每个数位的传动部分都由一个十齿轮和一个单齿轮组成，相邻两位的传动部分不直接接触，而是与一个辅助轮分别啮合，这样可以使两个数位的齿轮的旋转方向一致。

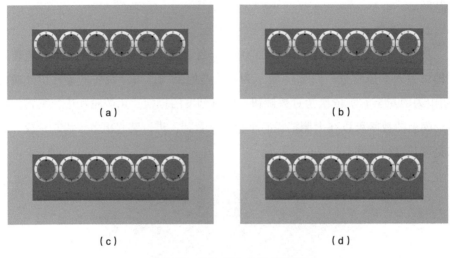

（a）　　　　　　　　　　　　　　（b）

（c）　　　　　　　　　　　　　　（d）

图 2.12　512+512 的计算步骤

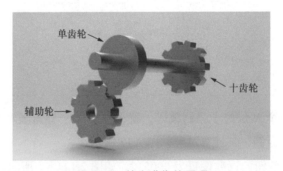

图 2.13　单齿进位的原理

图 2.13 中右上方形似杠铃的部件为某个数位的传动部分，高位单齿轮与低位十齿轮同轴联动，它每顺时针旋转一周，左下方的辅助轮就被逆时针转动一格。

下面我们把高一位的传动装置也绘制出来，并将低位的齿轮间距还原到正常的样子，体会进位的整体过程。单齿进位装置如图 2.14 所示。

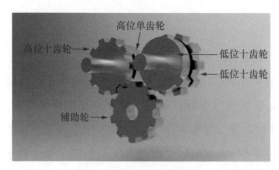

图 2.14 单齿进位装置

仔细观察不难发现，与低位相反，高位单齿轮位于十齿轮背后。事实上，高位单齿轮和低位十齿轮的前后顺序都是像这样依次交替的，辅助轮的位置也相应一前一后不断交替。读者可以思考一下这样设计的原因。

单齿进位的原理看似简单，但在实际实现时，其实很难使受动的高位轮严格旋转 36°，人们做了一些优化才成功实现复制品。

相信一些读者已经可以想到减法怎么做了，没错，就是反向旋转加法器的旋钮，单齿进位装置同样可以完成减法中的借位。

加法器的作用还不止这些。由于乘法器每次只能做多位数与一位数的乘法，因此通常需要使用加法器配合完成多位数的相乘。具体步骤如下。

（1）被乘数与乘数的个位相乘，将乘积置入加法器。

（2）被乘数与乘数的十位数相乘，将乘积后面补个 0，再置入加法器。

（3）被乘数与乘数的百位数相乘，将乘积后补两个 0，再置入加法器。

（4）依次类推，在加法器上得到结果。

计算钟是纳皮尔筹的一种改进，有了加法器，不但弥补了纳皮尔筹不能进行加法运算的缺陷，还为多位数的相乘提供了有力支持。

此外，由于计算钟不具备直接进行除法运算的能力，只能靠重复减法运算间接完成，因此加法器再担重任。使用者在被除数上不断地减去除数，并记录总共减了多少次、剩余多少，将其分别对应商和余数。

总的来说，计算钟结构比较简单，但依然是人类从手动计算到自动计算的伟大初探，是计算机史上一个重要的里程碑。基于纳皮尔筹的"伪自动"封装很快被淘汰，具有 10 个位置的旋钮作为一种经典的输入装置被沿用至今。

3. 后话

契克卡德的一生短暂而非凡。

1631 年，在恩师梅斯特林过世之后，契克卡德接过了他数学、天文学教授的职位，成为天文学领域的专家。此后，契克卡德继续保持着爱好广泛的个性，除教务范围内的课程之外，还在大学里讲授建筑学，深受学生爱戴。

1635 年，这位年仅 43 岁的年轻教授在先后目睹了妻子和子女离世之后，自己也于 10 月份离开了人世。

1651 年，月球表面的一座环形山被命名为"契克卡德"。如今，图宾根大学的计算机学院也叫契克卡德计算机学院，以纪念这位杰出校友。

契克卡德的才学影响过图宾根的亲友，启迪过众多优秀学子。这些微妙的影响，像一只绚丽的蝴蝶扇动着翅膀，改变着那以后的世界。

2.2.2 算术机：数学天才的十余年匠心

契克卡德确实早于帕斯卡涉足机械计算，且史料表明，至少曾有一台计算钟是制作成功的。然而，就在这样确凿的证据面前，"机械计算第一人"的头衔归属仍然存在争论，主要有以下几点原因。

（1）契克卡德没有留下让人看得见、摸得着的实物。

（2）他的设计描述相对笼统、不可靠，即使是改进后的复制品，超过 3 位的连续进位也需要人为干预才能完成。

（3）计算钟从来没有真正投入使用过，始终处于概念阶段。

（4）计算钟也没有对后续的计算机发展起到启发作用。

（5）帕斯卡并不知晓契克卡德的工作，但在上述几方面均比契克卡德做得更出色。

准确地说，如果将契克卡德视作机械计算第一人，帕斯卡就是机械计算"成功的"第一人。

1. 帕斯卡早年经历

帕斯卡（Pascal）[①] 出生于法国一个叫克莱蒙费朗的城市，其肖像如图 2.15 所示。他在 3 岁时就失去了母亲，好在父亲艾蒂安·帕斯卡在当地任职法官，是小贵族，即使独自拉扯着 3 个孩子，日子也算富裕。1631 年，帕斯卡的父亲干脆卖掉了法官之职（那时的法国职位是可以买卖的），把得到的一大笔钱都投资了利息可观的国债，衣食无忧的一家人随即搬去巴黎，过上了大城市的生活。

图 2.15　帕斯卡的肖像[②]

帕斯卡的父亲没有再婚，他把精力都用在了亲自培养 3 个天赋异禀的孩子身上。他对科学和数学颇有研究，教育出来的孩子聪慧过人，其中最出众的要数布莱士·帕斯卡。帕斯卡自小就精通数学，独立发现了欧几里得的许多几何定理（如三角形的内角之和为 180°），有段时间帕斯卡的父亲担心这样的偏科会影响到他希腊文和拉丁文的学习，就没收了纸笔，禁止他学习数学。然而，帕斯卡直接拿着煤炭在墙上打起了草稿。

原本帕斯卡一家就这样平平淡淡地过着子从父教的日子。然而，世事难料。1638 年，为了应对"三十年战争"，执政人员不惜一切代价动用国债，导致帕斯卡的父亲的资产一下子缩水九成。不仅如此，他还因反对黎塞留的这种野蛮做法而被迫逃离巴黎，把 3 个孩子寄留在邻居家里。后来，黎塞留在观看了一次有帕斯卡的小妹妹参加的少儿演出之后，觉得小姑娘表现不错，便赦免了帕斯卡的父亲。

1639 年，帕斯卡的父亲被任命为鲁昂市的税务总管。战时的鲁昂税务一片紊乱，帕斯卡的父亲的工作涉及大量枯燥而繁重的加减计算，如今在 Excel 里一个公式就能实现的数据处理在当时却是耗费精力的苦力活。为了减轻父亲的负担，1642 年，年仅 19 岁的帕斯卡发挥自己的聪明才智，着手制作起机械计算器。刚开始的制作过程并不顺利，请来的工人只做过一些家用的粗糙器械，做不了精

[①] 帕斯卡（Pascal），1623—1662，法国数学家、物理学家、发明家、作家、哲学家。

[②] 图片来自维基百科。

密的机器，帕斯卡只好自己上手，亲自学习机械制作。到 1645 年公开成果的时候，其研制的原型机已有 50 台之多。

2．算术机

帕斯卡的机器称为 Pascaline，也称算术机（arithmetic machine）。算术机有多种型号，但都只支持加减运算，典型的算术机如图 2.16 所示。

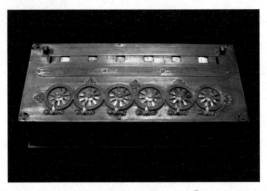

图 2.16　典型的算术机 [1]

机器的上半部分是开着 6 个小窗口的读数区，下半部分则是 6 个紧挨着的置数旋钮。显然，盒子内部的示数轮与置数轮是联动的。整台算术机似乎只实现了契克卡德计算钟的加法器部分，构成十分简单。

置数旋钮的造型很别致，10 根辐条从中心发散，像一个车轱辘，需要用一支小笔插在辐条之间的空隙处，顺时针拨动辐条，直至撞上底部那根类似于留声机唱针的固定小棍。这种置数方式像极了老式的拨号盘电话机。

读数区有根长长的横条，可以上下移动，总是挡着示数轮的一半。这样的设计用意何在呢？这得从它的核心部件——进位装置说起。

1）进位装置

帕斯卡起初的设计与契克卡德的单齿进位装置类似（见图 2.17），是一种

图 2.17　长齿进位装置

---

① 图片来自维基百科。

长齿进位装置——齿轮的 10 个齿中有一个齿比另外 9 齿稍长一些，正好可以与相邻的高位齿轮啮合，正转实现加法的进位，反转实现减法的借位。

这类进位装置有着一个很大的缺陷——齿轮传动的动力来自人手。若进行一两个进位还好，若遇上更多位的连续进位——如极端情况 999999+1，从最低位一直进到最高位，5 个齿轮的长齿要全部与下一位齿轮啮合，旋转起来相当吃力。就算使用者有足够的力气，而齿轮本身的强度也不一定承受得住，有可能会断裂。

为了解决这一缺陷，帕斯卡尝试了各种改进方法，却发现再精妙的齿轮设计都绕不开连续进位的"魔咒"。如果这个问题不解决，就制造不出实用的计算机器。帕斯卡想出了一个非凡的点子——借助重力。

他设计出了一种叫苏托尔（sautoir）[①] 的装置。图 2.18 所示为苏托尔进位装置，左侧为低位传动轮，右侧为高位传动轮，与高位传动轮同轴的类似于挖掘机手臂的部分即为苏托尔。

进位过程大致如下。

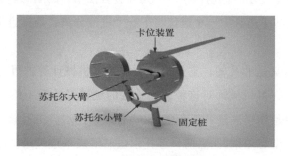

图 2.18 苏托尔进位装置

（1）低位传动轮逆时针旋转，旋转过程中，轮上的两根销钉将苏托尔抬起，小臂与底部固定桩分离，如图 2.19（a）所示。

（2）当销钉到达低位传动轮顶部时，与被抬到最高点的苏托尔脱离，苏托尔在重力作用下下落，小臂则顺势推动高位传动轮上的 1 根销钉，如图 2.19（b）所示。

（3）在苏托尔小臂的推动下，高位传动轮逆时针旋转 36°，顶部的锤状的卡位装置被抬起，如图 2.19（c）所示。

（4）卡位装置在重力作用下下落，再次卡在两根销钉之间，保证了高位传动

---

① sautoir 来自法语 sauter，意为"跳"。

轮不会转过头，如图 2.19（d）所示。

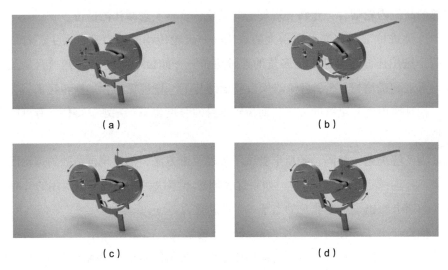

（a）　　　　　　　　　　　　（b）

（c）　　　　　　　　　　　　（d）

图 2.19　苏托尔进位过程

　　整个过程中苏托尔就像荡秋千一样先被缓缓拉抬，而后忽然失去支撑，在重力作用下绕轴旋转下落。上一个进位与下一个进位分离，连续进位时产生多米诺骨牌效应。

　　苏托尔的意义是非凡的，它从根本上解决了机械计算的可行性问题。往后的 100 多年里，许多机械师对这种前无古人的绝妙设计赞不绝口。帕斯卡本人对自己的发明更是相当满意，他夸张道："有了苏托尔，机器做到一万位数，用起来也和 6 位数没有差别。"然而，苏托尔虽然解决了连续进位的问题，但有着一个关键的缺陷——齿轮不能反转。这就给使用前的置零制造了麻烦，需要从个位开始依次将每一位数转到 9，而后在个位上加 1 以连续进位，完成所有位的清零。

　　2）减法运算

　　如果齿轮不能反转，那怎么实现减法呢？这仍然难不倒帕斯卡——既然只能做加法，那么有没有一种方法可以将减法转换成加法呢？结果他还真想出了一种用加法代替减法的方案，它正是计算机中沿用至今的反码思想。

　　十进制下的反码也称补九码（9's complement）：对于一位数，1 的补九码是 8，2 的补九码是 7，依次类推，原数和补九码之和永远为 9。在 6 位数中，a 的补九码就是 999999 减去 a。设 6 位数的补九运算为 $CP_6(\ )$，用公式表示就是

$$CP_6(a) = 999999 - a$$

利用简单的数学技巧（结合律），便可将减法运算转换为反码的加法运算，即

$$CP_6(a - b) = 999999 - (a - b) = (999999 - a) + b = CP_6(a) + b$$

总而言之，两数之差的反码等价于被减数的反码与减数之和。这句话有点绕，让我们用一个例子理解一下。

帕斯卡在每个示数轮上标了两圈数字，下圈是与置数旋钮一致的原数 $0 \sim 9$，上圈是与之一一对应的反码 $9 \sim 0$，如图 2.20 所示。不论下圈旋钮转到哪个数字，其上方的反码总是一同出现。6 个示数轮在示数窗口中显示出来的即为 6 位原数和 6 位反码。

在做减法时，需要反复查看原数和反码。读数区的横条上下移动，可以随时显示出原数或反码，以便读数。做加法时只用到了原数，全程遮住反码，剩余操作过程与计算钟类似。下面以 1024-512 为例讲解做减法的具体步骤。

图 2.20 算术机的示数轮

减法运算主要分 3 步完成。

（1）如图 2.21（a）所示（此处为便于理解将挡板进行了透明化处理），挡板在上挡住反码，露出原数并将原数置零。

（2）如图 2.21（b）所示，使用旋钮置入被减数 1024 的补码 998975，补码的反码就是原数自身，此时可以下移挡板来确认反码区域显示的是 1024。

（3）如图 2.21（c）所示，使用旋钮在 998975 上累加 512（减数），998975+512=999487，下移挡板，此时露出的反码区域显示的就是 1024-512 的最终结果。

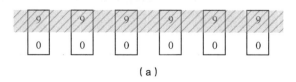

（a）

图 2.21 减法示例

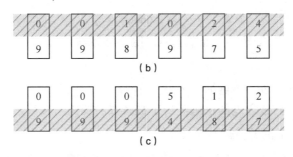

图 2.21　减法示例（续）

　　整个过程并不复杂，最关键、最麻烦的一步就是心算被减数的反码，但只要使用者稍加练习就能快速计算出它了。

　　3）历史地位

　　与契克卡德计算钟的默默无闻不同，帕斯卡的成果一经展示便惊艳了众人，这些"众人"还是当时上流社会的众人。1649 年，路易十四甚至授予了他类似于专利的皇家特权，帕斯卡成为那时唯一一个可以在法国设计、生产机械计算器的人——这可是皇权庇佑下的垄断，何等殊荣！

　　可惜的是，直到 1654 年，自算术机正式亮相已过去了近 10 年，却只卖掉了 20 台。尽管这 20 台算术机的设计一代更比一代强，但考虑到法国当时的货币使用的是十二制和二十进制，长度单位使用的是六进制和十二进制，所以部分算术机还为会计师和测量员提供了这些进制的计算功能，位数也有 5 位到 10 位等多种选择。十年商业化之路"灯火阑珊"，主要还是因为成本太高、售价太贵，机器计算的繁荣时代尚未到来，算术机没有摆到真正需要它的人的办公桌上，而是渐渐沦为有钱人的私人玩物与藏品。

　　但这并不影响算术机成为 17 世纪最成功的机械计算器，它不仅是史上第一次真正投入使用的计算器，还是 17 世纪唯一实用的计算器、第一次获得专利（皇家特权）的计算器、第一次商业化的计算器。有这么多"第一"加身，也无怪乎许多学者不承认契克卡德是"第一"了。

　　现存的算术机有 9 台，7 台藏于法国和德国的几处博物馆，1 台在 IBM 公司，1 台在法国的一位私人藏家手中。

　　3. 后话

　　帕斯卡一生的成就颇丰，毫不夸张地说，算术机仅是其成就中很不起眼的一个。

1）数学领域

1639 年，年仅 16 岁的帕斯卡就提出了一个理论——内接于圆或圆锥曲线的六边形中，3 对对边的交点处于同一直线上。这一理论成为后来射影几何学的重要基础，当时的大数学家笛卡儿甚至根本不相信它出自一位 16 岁的少年，并一度怀疑是帕斯卡父亲的思想。

1654 年，帕斯卡又发现了二项式系数在三角形中的排列规律，尽管比杨辉晚了约 400 年，比贾宪晚了约 600 年，著名的杨辉三角形和贾宪三角形还拥有了第三个名称——帕斯卡三角形。

1654 年，受一位赌徒之托，帕斯卡与大数学家费马合作研究了赌博中的概率问题，奠定了概率论的基础。

2）物理领域

1647—1648 年，帕斯卡发现了液体传递压力的能力，并建立了流体力学中著名的帕斯卡定律，这一定律成为现在广泛应用的液压系统的理论基础。

他还对真空和大气压颇有研究，发现了大气压随高度变化的规律。正是因为他在压强方面的诸多成就，所以后人将压强的单位定为"帕斯卡"，简称"帕"。

3）哲学领域

在 1654 年停止了算术机的生产之后，帕斯卡将余生中的更多时间花在了对宗教和哲学的思索上。1662 年，自小体弱多病的他在刚过完 39 岁生日的两个月后便英年早逝。1670 年，后人将其生前的哲学散文集结出版，产生了在哲学史上影响深远的经典之作《思想录》。

2.3　经典机械计算器

2.3.1　步进计算器：不想当发明家的数学家不是好的哲学家

1672 年的某一天，一位在德国政坛小有名气的年轻人受邀来访巴黎。身为"文科生"的他却误打误撞与几位大数学家成了好友，从此闯进了理科的世界。

钻研数学期间，他写道："让一些杰出人才像奴隶般地把时间浪费在计算工作上，是不值得的。"于是，世界上第一台可以完成四则运算的机械计算器诞

生了。而这几乎是他一生中最不值一提的成就
之一。

他就是曾和牛顿（Newton）争夺微积分发
明权的莱布尼茨（Leibniz）[①]，其肖像如图 2.22
所示。

图 2.22　莱布尼茨的肖像[②]

1. 莱布尼茨早年经历

1646 年 7 月 1 日，"三十年战争"已接近
尾声，莱布尼茨在德国的莱比锡城出生。等待
这位新生儿大展身手的，是不再动荡却又疲惫
不堪的欧洲。

正所谓"天将降大任于斯人也，必先苦其心志"，在他 6 岁时他父亲就去世了。

但他父亲是伟大的，即使在莱布尼茨的成长中缺席，也给他留下了书香门第
的余温。他父亲生前是莱比锡大学的伦理学教授，拥有一座庞大的私人图书馆。
正是这座图书馆，让好学的莱布尼茨在 6 岁时就接触到了大学才教的哲学知识。
不仅如此，大量拉丁文的藏书让他在 12 岁时就对这门语言融会贯通。

莱布尼茨凭借从小积累的过人的学识，先后获得了哲学学士学位、哲学硕士
学位与法学学士学位。

1666 年，莱布尼茨写出了第一本哲学专著《论组合的艺术》，并凭借其中的
一部分内容成功应聘为哲学教授。但他对这个教授之职似乎并不重视，很快又申
请了法学博士学位和律师执照，但这次不再像之前那般顺利，莱比锡大学以太过
年轻为由驳回了他的申请。莱布尼茨一气之下离开了莱比锡大学，来到纽伦堡的
阿尔特多夫大学并很快提交了论文。1666 年 11 月，他如愿以偿地拿到了法学博
士学位和律师执照。

更了不起的是，为了保护战后脆弱的祖国，他主动请缨去游说路易十四，希
望让强大的法国把注意力放到埃及身上。1672 年，法国政府还真邀请他去巴黎
讨论此事。虽然因意外而未达到预期，在巴黎的见闻却对莱布尼茨的人生产生了
重大影响。

---

① 莱布尼茨，1646—1716，德国博学家、哲学家，历史上少见的通才，被誉为 17 世纪的亚里士多德。

② 图片来自维基百科。

刚到巴黎，莱布尼茨就结识了荷兰的大数学家克里斯蒂安·惠更斯，惠更斯的造诣让他头一次感觉到自己在数学领域中的渺小。莱布尼茨决定攻克这块短板，于是在惠更斯的指导下，他很快补足了数学功课，为后来微积分的提出奠定了基础。

在巴黎的这段时间，莱布尼茨还认识了许多法国顶尖的哲学家，研读了笛卡儿和帕斯卡的作品，并和同样来自德国的数学家埃伦弗里德·瓦尔特·冯·契恩豪斯成为了好友，可谓"谈笑有鸿儒，往来无白丁"。

1673 年，莱布尼茨到英国伦敦办事，莱布尼茨在英国又认识了不少哲学家和数学家。与此同时，他走进英国皇家学会的大厅，出示了一台从 1622 年开始研制的计算器原型，惊艳了全场，当即就被吸纳为会员。

这台计算器原型就是本节的主角——步进计算器。

2. 步进计算器

图 2.23 所示的步进计算器是第一台可以自动进行乘除运算的机械计算器。步进这个名字就来自其乘除法的实现原理。

图 2.23　保存在德国博物馆的步进计算器复制品[1]

1）乘除原理

莱布尼茨构想出一种沿用了 3 个世纪的经典装置——阶梯轴[2]，后人也称之为莱布尼茨轮（Leibniz wheel）。

---

[1] 图片来自维基百科。

[2] 部分文献也译作"步进轮"。

如图 2.24 所示，阶梯轴是一个圆筒，圆筒表面分布着 9 根长度递增的齿，第一根齿长为 1，第二根齿长为 2，依次类推，第九根齿长为 9。传动轮 A 与置数旋钮联动，并与固定在阶梯轴上的齿条啮合。当旋转置数旋钮时，在传动轮 A 的带动下，阶梯轴将沿着轴心线移动。传动轮 B 与示数轮联动，并与阶梯轴啮合，啮合的齿数随阶梯轴在轴心线上位置的不同而不同。

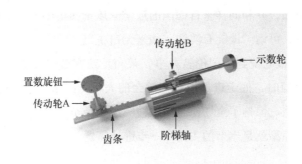

图 2.24　以阶梯轴为核心的乘除机构

当置数旋钮置 0 时，阶梯轴处于图 2.25（a）所示的位置，传动轮 B 与之不啮合；当置数旋钮置 1 时，阶梯轴处于图 2.25（b）所示的位置，传动轮 B 与之啮合 1 齿；依次类推，当置数旋钮置 9 时，阶梯轴处于图 2.25（c）所示的位置，传动轮 B 与之啮合 9 齿。

计算手柄旋转一周，便会带动所有阶梯轴旋转一周，传动轮 B 就会被带动旋转到与啮合齿数相对应的角度，示数轮随之联动，将结果数字朝上显示到示数窗口中。

2）组成结构与使用说明

为了配合阶梯轴的使用，莱布尼茨还提出了把机器分为可动和不可动两大部分的思想。

步进计算器上半部分不可动，主要用于结果示数；下半部分可左右移动，主要用于计算操作。

以图 2.26 所示的步进计算器为例：其上半部分有 16 个示数窗口，支持 16 位结果的显示；下半部分有 8 个置数旋钮，支持 8 位数的输入，内部一一对应安装着 8 个阶梯轴，这些阶梯轴与正前方的计算手柄联动。旋转机器左侧的移位手柄即可借助蜗轮结构实现下半部分的左右平移，移位手柄每转 1 圈，下半部分就移动 1 个数位的距离。

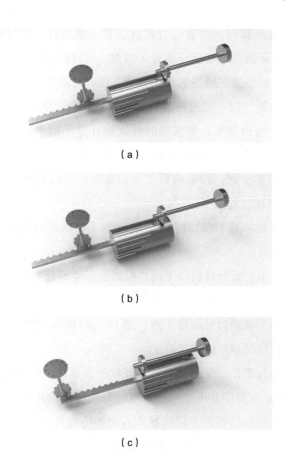

（a）

（b）

（c）

图 2.25　阶梯轴位移

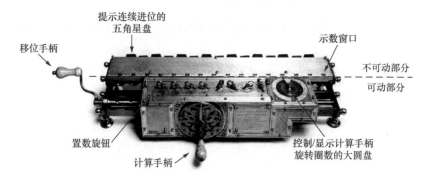

图 2.26　步进计算器的组成结构 [1]

---

[1] 图片来自 Computer History Museum。

在进行加法运算时，先通过置数旋钮置入被加数，顺时针旋转计算手柄 1 周，被加数即在示数窗口显示；再置入加数，顺时针旋转计算手柄 1 周，示数窗口中就显示出计算结果。减法的操作类似，逆时针旋转计算手柄即可。

在进行乘法运算时，通过置数旋钮置入被乘数，顺时针旋转计算手柄 1 周，被乘数即在示数窗口显示。如果顺时针旋转计算手柄 2 周，就会在示数窗口中显示被乘数与 2 的乘积。因此在乘数是 1 位数的情况下，乘数是多少，就顺时针旋转计算手柄多少周。如果乘数是多位数呢？这就轮到移位手柄登场了。以 10×24 为例，操作过程如下。

（1）在完成被乘数 10 的置数后，将计算手柄顺时针旋转 4 周，示数窗口即显示 10×4 的结果。

（2）将移位手柄顺时针旋转 1 周，机器的下半部分左移一个数位的距离，其个位与上半部分的十位对齐。

（3）将计算手柄顺时针旋转 2 周，把 10×20 的结果加到示数窗口中。

（4）示数窗口显示最终结果。

置数旋钮的右侧是一个与计算手柄联动的大圆盘，外圈标有整数 0～9，里圈有 10 个小孔，与数字 0～9 一一对应。每次转动计算手柄前，在对应的小孔中插入销钉，控制旋转圈数，以防操作人员不小心转过头。在进行除法运算时，这个大圆盘又能显示出计算手柄所转的圈数。

除法运算的操作过程与乘法相反，如下。

（1）置入被除数，在示数窗口中显示。

（2）旋转移位手柄，将机器下半部分的最高位与上半部分的最高位或次高位对齐。

（3）逆时针旋转计算手柄，旋转若干圈后会卡住，在右侧大圆盘上读出圈数，即为商的最高位。

（4）逆时针旋转移位手柄，下半部分右移一位，重复上一步得到商的次高位。

（5）依次类推，最终得到整个商，示数窗口中剩下的数即为余数。

3）关于进位

步进计算器的进位装置（见图 2.27）比较复杂，但其基本原理与单齿进位类似。单齿进位容易实现，但不能连续进位，莱布尼茨干脆放弃了实现自动连续进位的尝试，在机器顶部设置了一排提示使用者的五边形盘。初始状态下，五边形盘是边朝上的，当需要连续进位时，对应的五边形盘会旋转至角朝上的状态，使用者需要手动将其拨动至边朝上状态以完成向下一位的进位。

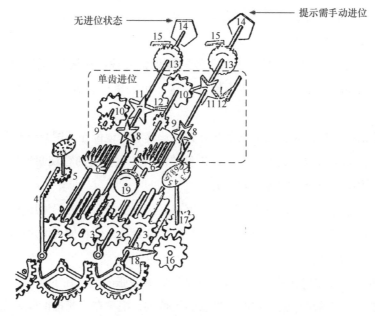

图 2.27 步进计算器的进位装置[1]

4）历史地位

可惜的是，这台计算器的复杂程度已经超出了莱布尼茨所处的时代的工艺水平，加之其在进位设计上的瑕疵，所以即使惊艳了学术圈，也不具有足够的实用价值。莱布尼茨先后花了 30 多年的时间研究步进计算器，却只建成了两台，其中一台被保留了下来，藏于汉诺威的下萨克森州国家图书馆，其他许多博物馆的展品是复制品。

然而，巧妙的阶梯轴设计与将机器拆分为可动和不可动两部分的思想却成为后人建造机械计算器的重要启迪，先后有德、英、法、美等多国的发明家基于步进计算器成功研制出了实际可用的产品。这些"莱氏"计算器撑起了整个机械计算时代的半边天，一直风靡到了 20 世纪 70 年代电子计算器普及的前夕。

步进计算器犹如一位打着手电筒的指路人，在黑漆漆的夜晚照亮了机械计算的道路。

———————————

① 图片来自网络。

3. 后话

步进计算器只是莱布尼茨多彩一生中的诸多成就之一。他在"文、理科生"的身份之间切换自如，在哲学、法律、历史、地质、心理、语言、数学、物理、生物等诸多领域均有建树。

可惜的是，一切荣耀都毁于与牛顿的微积分之战。这场旷日持久的论战始于 1708 年，由牛顿的支持者首先挑起。这一年，早已功成名就的莱布尼茨已 62 岁。

论战期间，牛顿时任英国皇家学会会长，其学术地位在英国乃至整个欧洲早已非常高。英国皇家学会开展了一次声称"没有牛顿参与的客观调查"，并给出了"牛顿才是微积分发明者"的结论。

本就在仕途上一路留下小马脚[①]的莱布尼茨终于被可怕的舆论压倒，晚景凄凉。虽然贵为英国皇家学会和柏林科学院的终身会员，但在他去世之时，这两大学会都没有做出任何追悼的姿态。

1716 年，莱布尼茨的葬礼在汉诺威举行。更夸张的是，在下葬后的 50 年里，没人为其立碑。著名作家伏尔泰为牛顿摇旗呐喊，把莱布尼茨批得体无完肤。莱布尼茨生前在哲学、法律、历史、数学、物理等领域的主要成就都被无视，与名流来往的大量珍贵信件被雪藏。

直到 1765 年，莱布尼茨的手稿被陆续整理出版。1985 年，德国政府设立莱布尼茨奖，奖金高达 250 万欧元。

2.3.2　算术仪：商人懂技术，谁也拦不住

从契克卡德开始，机械计算像一株微弱的小火苗，时而明亮，时而暗淡，在一小群"极客"的守护下顽强地燃烧了两个世纪。星星之火还未燎原，与数字打着交道的人们仍被手动计算的繁重和易错折磨得焦头烂额。

直到 19 世纪初，一个技术精湛又有商业头脑的法国人，在弥补了步进计算器的缺陷之后，将机械计算推广到了全世界。

---

① 莱布尼茨在外交生涯中经常随意修改手稿的签署日期等，这类不光彩的行为使他在微积分之战中十分吃亏。

他叫查尔斯·泽维尔·托马斯。在法国科尔马还有为纪念他而竖立的纪念碑，如图 2.28 所示。

图 2.28 竖立在法国科尔马的托马斯纪念碑 [①]

1. 托马斯早年经历

托马斯出生于法国莱茵河畔一个叫科尔马的美丽小镇，早年在军队工作，是整个法国军队后勤补给的检查员，工作中繁重的计算使他萌生了建造实用机械计算器的想法。

他总结了帕斯卡和莱布尼茨的经验教训，经过两年的潜心研究，在一位巴黎钟表匠的帮助下，于 1820 年完成了第一台原型机的设计，并取得了专利。托马斯给它取了一个极普通的名字——算术仪（arithmometer）。随后这台机器和后续零零散散的几台改良机一起，在托马斯的工作台上搁置了 30 年之久。

在 1819 年退伍之后，托马斯一头扎进了保险行业。

19 世纪动荡的法国没有健全的消防体系，虽然有少数大城市设立了专门的消防站，但装备简陋，队伍还主要是由非专业的志愿者组成的。每次发生火灾，

---

① 图片来自维基百科。

都会造成十分惨重的损失。托马斯从中看到了火险的商机，特地到保险体系比较健全的英国进行学习，成为法国第一批开拓保险市场的商人。他分别在 1829 年与 1843 年创办了保险公司 Le Soleil 和 L'Aigle，Soleil 和 Aigle 在法语中分别是"太阳"和"鹰"的意思，前者象征法国先前的历代君王，后者象征拿破仑·波拿巴（Napoléon Bonaparte），这样就更全面地覆盖了当时政治信仰各不相同的客户。这两家公司在托马斯的经营下成长为法国保险业的龙头企业，在 1946 年国有化后运营至今。

年过花甲之后，功成名就的托马斯终于重拾起年轻时的发明，把算术仪推向全世界成了他晚年的第二事业。这份事业掀起了世界范围内计算方式的变革，算术仪的热销成为人类开启自动化计算时代的里程碑。

2. 算术仪

采购算术仪的买家会得到一个质感厚重的木盒，打开盒盖，里面是一架结构精致的黄铜机械，如图 2.29 所示。算术仪有 4 种主流型号，分别支持 10 位数、12 位数、16 位数和 20 位数的计算，各型号机身的宽度都在 18cm 左右，高度为 10 ~ 15cm，而长度与位数相关，10 位算术仪长约 45cm，20 位算术仪长约70cm。

算术仪是对步进计算器的改进，机身同样分为可动和不可动两大部分，如图 2.30 所示。

图 2.29　1875 年生产的 20 位算术仪 [①]

---

① 图片来自维基百科。

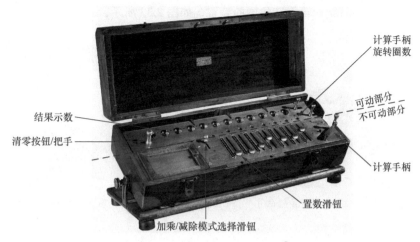

计算手柄
旋转圈数

可动部分
不可动部分

结果示数

清零按钮/把手

计算手柄

置数滑钮

加乘/减除模式选择滑钮

图 2.30 算术仪的组成结构 [1]

可动部分主要用于显示计算结果和计算手柄的旋转圈数，借助两侧的把手可以将其抬起并左右移动。该把手同时也是清零按钮，可以实现计算结果和旋转圈数的一键清零 [2]。

不可动部分主要用于置数和计算，托马斯用滑钮代替传统的旋钮（这在后来也成了经典的输入装置之一），每个滑钮下都有一个阶梯轴，与阶梯轴啮合的是一个与滑钮联动的小齿轮。把滑钮推到某个数字的位置，小齿轮就与阶梯轴相应数量的齿啮合，这样，相对"大块头"的阶梯轴就可以始终停留在原位，从而减少机械损耗。

不论进行哪种运算，都要顺时针旋转算术仪的计算手柄，托马斯设计了一个用于选择运算模式的滑钮，上下分别与一对朝向相反的锥形齿轮之一啮合，以此实现示数轮的正转与反转，如图 2.31 所示。

相比前面几位机械计算器的发明者，托马斯是幸运的，他所处的时代有着更好的机械制造能力。在此基础上，他贴心的细节设计为用户提供了很大的便利，如一键清零、滑钮置数、始终顺时针旋转手柄——正是这些看似微小的改进，使得算术仪虽与步进计算器的用法大致相似，但更受欢迎。

为了提高算术仪的可靠性，托马斯在内部结构的改进上下了大力气。考虑到手柄旋转过快可能导致齿轮转过头，因此引入了槽轮机构（Geneva mechanism）——

---

① 图片来自维基百科。

② 左侧把手用于清零计算结果，右侧把手用于清零旋转圈数。

一种可以严格限制受动轮旋转角度的装置，如图 2.32 所示。

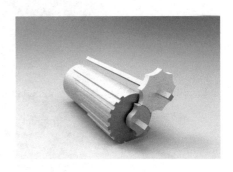

图 2.31　运算模式（齿轮转向）
　　　　的切换机构 [1]

图 2.32　算术仪的槽轮机构

在进位上，托马斯采用的仍是最简单的单齿机构，但结构更精细，比前人的设计可靠得多。

这台机器能力如何？据当时英国伦敦一本名为《绅士》的杂志报道，8 位数乘 8 位数仅需 18s，16 位数除以 8 位数仅需 24s，而借助它进行 16 位数的开平方运算也只需 75s。

3. 后话

1851 年，托马斯开始对算术仪进行商业生产，作为一件正式商品，每台算术仪上都标有独一无二的产品序列号，并附带使用说明书。托马斯的尝试非常成功，他在余生的近 20 年时间里卖出了大约 1000 台算术仪。

1821 年，托马斯因发明了算术仪而获得了法国荣誉军团骑士勋章。1857 年，他又因推广了算术仪的使用而获得了军官勋章。

除托马斯的公司之外，整个欧洲还先后出现了约 20 家生产算术仪的公司。截至 1915 年停产，这些公司总共生产了约 5500 台算术仪。各国军队、政府、金融公司和科研机构纷纷采购，传统计算员的工作模式发生了质的改变。他们的习惯动作从一抽一拉计算尺，变成了不停旋转手柄，一个"手摇计算"的时代正式开启。

[1] 图片来自 YouTube。

2.3.3 销轮计算器：走出阶梯轴的"笨拙"困境

莱布尼茨的阶梯轴为机械式乘除运算提供了一种巧妙的实现途径，但其本身显得十分笨重。托马斯的算术仪虽然充分发挥了阶梯轴的实用价值，但也绕不过笨重的特质。20 位的算术仪长约 70cm，需占用大半个办公桌面，而托马斯为1855 年巴黎世界博览会专门制作的 30 位算术仪足有一架钢琴那么大。

继莱布尼茨之后，世界各国的许多发明家都为缩小阶梯轴的体积而绞尽脑汁，他们中的一部分人不约而同地想到了一种把阶梯轴"拍扁"的做法。

1. 齿数可变的齿轮

阶梯轴的本质是实现了两个齿轮啮合齿数的可变性，因此，只要设计一个可以通过机械原理手动改变齿数的齿轮，就可以取代阶梯轴了。这样的齿轮由 1 个圆盘和 9 根销钉组成，销钉在弹簧的作用下默认处于缩进状态，靠转动一个与销钉底部接触的圆环可以将它们一一顶出。这种齿轮名为 pinwheel，我们不妨称之为"销轮"，如图 2.33 所示。

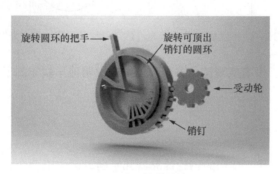

图 2.33　销轮结构

销轮可以扮演 0～9 齿 10 种齿轮的角色，旋转 1 圈，与它啮合的受动轮也便有了旋转 0～9 格的 10 种情况，与阶梯轴有着异曲同工之妙。

从 18 世纪初到 19 世纪 70 年代，先后有来自意大利、德国、英国、法国、波兰、美国等多个国家的发明家用销轮建造了机械计算器，但多数机器并没有走出他们的实验室。直到 1890 年，一位和托马斯一样既懂技术又善经商的俄罗斯人才把它真正推向了世界。

具有戏剧性的是，直到 19 世纪末，人们才发现，其实莱布尼茨早在 1685 年就提出了类似于销轮的设计。那时的莱布尼茨早已发明了步进计算器，但刚刚听说帕斯卡的算术机。他从友人的信件中大致了解算术机的组成之后，提出了一种扩展方案使其具有乘除运算的能力，其主要原理就是增加一种齿数可变的齿轮。图 2.34 所示的算术机的第一排为原算术机的齿轮，第二排为齿可以按需拆除的被乘（除）数轮，第三排为以直径表示数值的乘（除）数轮，第二、三排齿轮采用履带来完成传动。

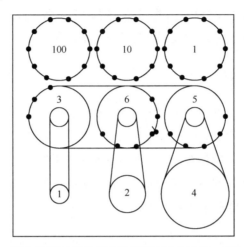

图 2.34　莱布尼茨对算术机改进的手稿（以 365×124 为例）[1]

虽然莱布尼茨没有实现这一方案，但至少说明他早就想到了动态改变齿轮齿数的点子。

2. 销轮计算器

19 世纪 70 年代，实用的销轮计算器几乎同时诞生于两个大国之中。其一是美国，一位名为鲍德温的发明家在 1875 年取得了相关专利，如图 2.35 所示；其二是俄罗斯，一位来自瑞典的机械工程师奥德纳于 1878 年取得了相关专利，如图 2.36 所示。

鲍德温看似抢占了一个小小的先机，但他的机器直到 1912 年才开始经由刚成立的门罗公司进行商业化生产；而由于奥德纳拥有自己的生产车间，他的机器在 1890 年就开始了"商业之旅"，他的机器被称为奥德纳算术仪，该算术仪的结构如图 2.37 所示。

---

[1] 图片来自 *A Source Book In Mathematics*。

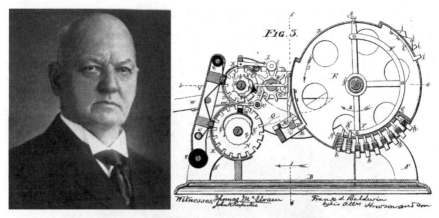

图 2.35 鲍德温的肖像及其专利中的销轮结构[1]

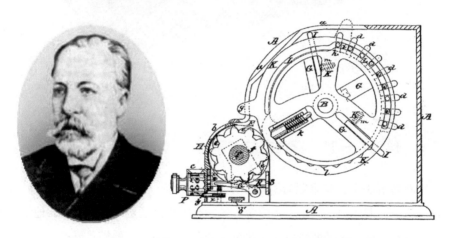

图 2.36 奥德纳的肖像及其专利中的销轮结构[2]

　　奥德纳算术仪也分为可动和不可动两大部分，通过拨动外露的销轮把手进行置数，将计算手柄顺时针旋转进行加、乘运算，反之进行减、除运算。奥德纳还设计了标识小数点的滑块，方便用户在进行小数计算时读数。

　　显然，扁平式的销轮使机器上的数位可以挨得很近。图 2.37 所示的是比较主流的 13 位（计算结果）奥德纳算术仪。这型产品（含底板）的长度一般在30cm 左右，而 20 位的产品长度一般也只有 40cm 出头，相比托马斯算术仪要紧凑得多，而且在位数上更有优势。

---

[1] 图片来自维基百科、美国专利 159244。

[2] 图片来自维基百科、美国专利 209416。

到 1900 年，奥德纳算术仪的销量超过了托马斯算术仪。1917 年俄国爆发"十月革命"，奥德纳的工厂在国有化后于 1918 年关闭，在不到 30 年的时间里生产了约 23000 台机器。

图 2.37　奥德纳算术仪的结构[1]

2.3.4　科塔：一颗另辟蹊径的"手雷"

眼看着解决了百年难题的销轮计算器就要一统"莱系"架构的"江湖"时，不料"二战"期间"杀出了个程咬金"——有人想到了更巧妙的方法。他没有改变阶梯轴的形状，而是彻底抛弃了莱布尼茨和托马斯定下的机器形态，只用 1 根阶梯轴就实现了同样的功能；他的机器小到可以握在手里、放进口袋。

这位"不走寻常路"的发明者名叫科特·赫兹斯塔克，他把自己的机器称为科塔。

1. 赫兹斯塔克早年经历

赫兹斯塔克出生于奥地利维也纳，他的父亲是犹太人，开了一家机械公司。成年后的赫兹斯塔克在父亲的公司做技术管理工作，其间，他不断学习机械知识，并对机械计算产生了兴趣。1938 年，他完成了科塔的设计并申请了专利，

---

① 图片来自维基百科。

但时值纳粹统治时期，公司被勒令生产军用设备。

1945 年，赫兹斯创办了工厂，并在 3 个月内就做出了 3 台科塔的原型机。同年 7 月，政局又开始动荡，赫兹斯塔克不得不前往奥地利避难。在奥地利，他一面不断改进设计并申请了一系列专利，一面寻找着支持科塔的投资人。最后，列支敦士登的大公看上了这个项目，并很快成立了公司，开始批量生产科塔。

表面上看，这像极了一次英雄惜英雄的完美合作；背地里，列支敦士登的几位股东却只是想榨取这个无权无势的外国人身上的知识价值。很快，当公司彻底掌握了科塔的制造方法后，董事会就开始使坏，要踢他出局。结果他们搬起石头砸到了自己的脚——一开始，为了避免可能有的诉讼纠纷，董事会没有将科塔的专利转到公司名下，好把一切黑锅扣在赫兹斯塔克头上。没有专利，公司根本无权生产科塔，赫兹斯塔克靠此重新夺回应有的股权。这份曾经保他平安的知识产权，如今又为他赢得了巨大的财富。

2. 科塔

科塔整体呈圆柱形，顶部有一个清零拉环，被人们形象地称为"数学手雷"，如图 2.38 所示。

图 2.38　科塔的组成结构 [1]

---

[1] 图片来自维基百科。

置数滑钮环布于圆柱的柱面，通常有 10 个左右；计算手柄在柱顶，可以提起，默认状态下旋转计算手柄进行加、乘运算，提起之后旋转计算手柄则是借助补九码实现减、除运算；手柄下方的一圈"盖子"是科塔的可动部分，将它提起或旋转可以选择位数；俯视可见一圈示数窗口，是用来显示结果和手柄旋转圈数的；当需要清零时，提起"盖子"，然后旋转清零拉环即可。

对比前面的步进计算器、托马斯和奥德纳的算术仪，科塔虽小，五脏俱全。

科塔内部的核心结构非常简单，其中央立着 1 根与计算手柄联动的阶梯轴，与周围所有置数滑钮的齿轮啮合，如图 2.39 所示。当置数滑钮上下移动时，与阶梯轴啮合的齿数就有了变化。

图 2.39　科塔中的阶梯轴

科塔的做工十分精细，在电子计算器出现之前，一直被公认为最好用的便携式计算器。到 1972 年停产为止，科塔总共卖出了 14 万件左右，而返修率只有约 3%，其中一部分还是被一些使用者出于好奇故意拆开的，不料内部结构过于复杂，他们装不回去了。

有趣的是，直到 20 世纪 80 年代，科塔还在汽车拉力赛的选手中备受欢迎，用它来计算比赛中的到点时间和偏离距离等数据，这主要是因为早期的电子计算器没有科塔那么好的抗震性。

如今，精美的科塔已经成为机械爱好者眼中的收藏佳品。

2.4　改进的机械计算器

2.4.1　计算仪：人机交互的变革

机械计算的历史在齿轮的转动下推进了两个世纪。要让齿轮工作，就必须给它一个旋转的动力，无论是旋钮还是手柄，都逃不出这样的思维模式，靠手柄驱动的机械计算器也常统称为手摇（式）计算器。

后来人与计算器的交互形式是按键，这比手摇快捷得多。在电子计算器中，人们很容易通过按键操作实现电路的通断控制，但在机械计算器中，如何靠按键驱动齿轮运转呢？

最早的按键输入出现在与计算毫无关系的领域。1714 年，英国人亨利·米尔取得了打字机的发明专利，此时，年近古稀的莱布尼茨正从旷日持久的微积分之争中败下阵来。19 世纪初，意大利一位美丽的贵族女性双目失明，深爱着她的男友和她的哥哥合力为她建造了第一台打字机，此时，年轻的托马斯还没有想到算术仪的点子。1874 年，素有"打字机之父"之称的美国人克里斯托夫·拉森·肖尔斯开始了打字机的商业化生产，并设计出了我们熟悉的"QWERTY"样式。此时，托马斯刚过世不久，他的算术仪占据了整个机械计算市场，而鲍德温和奥德纳还未取得销轮计算器的专利。

打字机便捷的键盘操作启发着机械计算器的设计者们，最早的按键式计算器设计记载于 1822 年的《新世纪的发明》[1] 一书之中，随后有意、法、美等多国的发明家为按键式计算器的制造与改进前赴后继。在历经 60 多年默默无闻的技术储备之后，按键式计算器终于由一位名叫作多尔·尤金·菲尔特的美国人带进了大众的视野，其肖像如图 2.40 所示。

图 2.40 多尔·尤金·菲尔特的肖像[2]

1. 菲尔特和他的机器

菲尔特出生于美国威斯康星州的贝洛伊特镇，14 岁前，他生活在自家的农场里，有着无忧无虑的童年。年龄稍大些后，菲尔特渐渐意识到自己对机械技术有着浓厚的兴趣和很高的天赋，于是在 16 岁时到镇上找了一家机器坊，开始了机械设计生涯。1882 年年初，20 岁的菲尔特来到芝加哥的一家轧钢厂担任领班。

---

① 全名 A New Century of Inventions: Being Designs & Descriptions of One Hundred Machines, relating to Arts, Manufactures, & Domestic Life，作者是 James White。

② 图片来自维基百科。

工作之余，一个个分散的零件在他脑中相互连接，它们不断调整着自己的位置和形状，一台按键式计算器的架构在他的脑海中逐渐成形。

然而，当机器的所有细节都已确定时，菲尔特却犯起了难。一没有资金，二没有合适的材料，模型一直停留在想象当中。有一天，他突然发现装通心粉的盒子和他构想的机器外形十分相似，也许能派上用场。说做就做，从 1884 年的感恩节假期到 1885 年元旦，菲尔特制作出了第一台朴素原型机。这是一只木质的通心粉盒子，里面组装着从小商店里买来的订书钉、橡皮筋等小零件，如图 2.41 所示。

好在不久后，菲尔特就遇到了赞助商罗伯特·塔兰特（Robert Tarrant）。塔兰特十分

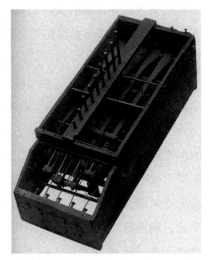

图 2.41　菲尔特的第一台原型机[1]

看好菲尔特计算器的前景，于是给他提供了每周 6 美元的补助和一个像样的工作台，以及高达 5000 美元的制作费用。

事实证明，塔兰特的决定是正确的。1886 年的秋天，菲尔特就做出了第一台实际可用的原型机，并于次年 7 月获得了专利。1887 年 11 月，二人签订合作协议，一个提供技术，一个提供资金，于 1889 年 1 月 25 日成立了菲尔特 & 塔兰特制造公司。他们为所生产的计算器专门起了个名字——计算仪（comptometer）[2]，这个单词后来成为按键式计算器的代名词。

计算仪的内部实现参考了帕斯卡的算术机，尤其在进位方面沿用了他的苏托尔装置。在此基础上，菲尔特又照搬了美国人托马斯·希尔（Thomas Hill）的按键设计，如图 2.42 所示。

这是一种"全键盘"式设计，每个数位都有 1 ～ 9 共 9 个按键（0 不需要置数），某一位上要置什么数，就按下这一列上对应的按键，如图 2.43 所示。每列按键都装在一根杠杆上，杠杆前端有一根与杠杆垂直的齿条，按下按键带动杠杆摆动，与齿条啮合的齿轮随之旋转一定角度。按键 1 ～ 9 的键程依次递增，按下

---

① 图片来自维基百科。

② 词根 compt 源自拉丁语 comptus 或法语 compte，是计数、计算的意思，因此 comptometer 可译为计算仪。

之后所带动杠杆摆动的幅度便依次递增，齿轮旋转的角度也依次递增。手指抬起后，在弹簧的作用下，按键和杠杆恢复原位，同时带动齿轮反向旋转。此时，齿轮带动示数轮旋转相应角度。这意味着，按完一个键，这个键所代表的数值就已经累加到结果中了，置数与计算一气呵成，不再像手摇计算器那样——完成置数后还要旋转计算手柄。

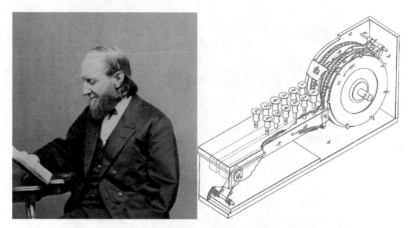

图 2.42　托马斯·希尔肖像及其专利中的按键设计 [1]

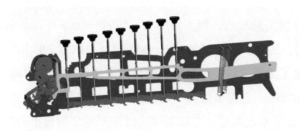

图 2.43　按键操作转换为齿轮旋转的原理 [2]

公司成立之后，在菲尔特的持续改进下，计算仪经历了多个阶段的发展。

1889—1903 年，F&T 公司生产了约 6500 台计算仪，它们是通心粉盒子的"直系后代"，有着木质的外壳。作为一款产品，此时的算术仪已经拥有了一些出色的细节设计，如按键——在纵向上，菲尔特采用了双色设计，每 3 列按键替

[1] 图片来自维基百科。

[2] 图片来自 YouTube。

换一种颜色,方便使用者辨别数位;在横向上,奇数行和偶数行上的按键有着不同的触感,前者表面平坦而规整,后者两端微微翘起,方便使用者辨别奇偶。因为沿用了帕斯卡的反码方法实现减法,所以每个按键的数字旁边用小字号标记了它的补九码,如图 2.44 所示。

图 2.44 1895 年的一款计算仪的按键近照 [1]

木质的计算仪虽然轻巧,但不够结实。1904—1906 年,菲尔特将材料改为了金属,这一阶段的计算仪有了型号——Model A,如图 2.45 所示。在这一型号中,菲尔特优化了帕斯卡的进位装置,使得按下按键所需的力减少了四分之三,并改进了清零功能——只需要旋转一周机器侧身的把手即可(对于之前的机器,需要转多周)。最了不起的是,它还支持同时按下多个数位上的按键,这一特性大大提升了计算仪的计算效率,以至于后来电子计算器出现后,在某些情况下计算仪的速度仍更胜一筹。

1907—1915 年,菲尔特相继推出了 Model B ～ Model E。其中,产于 1913—1915 年的 Model E(见图 2.46)增加了一种错误"应激"机制:当某个按键没有按到位(按得太轻)时,除该按键所在的那一列之外,其他列的按键会自动锁死,需要使用者将这个按键按到位后,使用解锁按钮将它们解锁,才能继续置数。按键的自锁功能是由包裹在其周围的金属片实现的。

图 2.45 Model A[1]

图 2.46 Model E[2]

1915—1920 年推出的 Model F 将 Model E 的锁键机构移进了盒内，并将解锁按钮做成了醒目的红色。这一款计算仪的销量超过 4 万。

1920 年至第二次世界大战前，持续改进的 Model H、Model J 和 ST（Super Totalizer）等型号的计算仪将这种经典的"鞋盒形"计算仪推向了极致。其中，ST 型还在原本结果示数的下方增加了一排可临时记录中间结果的区域，如图 2.47 所示。

20 世纪 30 年代至 20 世纪 50 年代，Model K、Model 992 等机型相继问世，F&T 公司效仿电动打字机的做法，为它们加装了马达，旨在减轻按动按键所需的力，从而进一步优化使用体验。

---

① 图片来自维基百科。

② 图片来自维基百科。

图 2.47　当时的 Super Totalizer[①]

F&T 公司在机械计算器市场一路高歌猛进，菲尔特在计算仪的改进上先后取得了 46 项美国专利和 25 项其他国家的专利。在 1947 年 F&T 公司国有化之后，计算仪的生产权几经易主。1961 年，其实际控股公司推出了世界上第一批电子计算器 ANITA Mark VII 和 ANITA Mark VIII（见图 2.48）——计算仪被它青出于蓝的后裔逐渐替代。

图 2.48　ANITA Mark VIII 及其内部结构[②]

菲尔特不仅开辟了按键计算器市场，还诱发了另一个配套行业的兴起——计算仪培训。由于人机交互方式从手摇变成了按键，因此解决计算问题的操作步骤和技巧与以前有了很大不同。菲尔特认为，本身只提供加减功能的计算仪更像一

---

① 图片来自维基百科。

② 图片来自维基百科。

款通用型工具，只有掌握了丰富的算法，才能应对各领域复杂的计算问题。1914年，菲尔特出版了一本厚达 600 页的专著——*Applied Mechanical Arithmetic as practised on the Comptometer*，提供了各种主流计算问题的最佳算法。到 20 世纪 20 年代晚期，美国一共涌现了百余家计算仪培训学校，加上其他国家的学校，平均每年约有 2 万名毕业生成为合格的计算仪操作员（comptometrist），他们支撑起了日渐繁荣的机械计算时代。

2. 后话

菲尔特的人生无疑是成功的，F&T 公司成立那年，27 岁的他就已荣获富兰克林学会的约翰·斯科特奖章。除从商之外，菲尔特还担任过美国商务部大使。他环游世界，成为一名出色的摄影师，其许多有关一战的摄影作品为政府所用。

1919 年，57 岁的菲尔特被密歇根湖畔的美景深深吸引，便在一个叫霍兰的小镇的郊外买下一块地。随后他用了三四年的时间，建了一座豪华公馆，如图 2.49 所示。公馆内设 25 个房间和 1 个 3 层楼高的舞厅，足够菲尔特夫妇和他们 4 位已婚女儿各自的家庭共同生活。

图 2.49　菲尔特公馆 [①]

---

① 图片来自维基百科。

2.4.2　"百万富翁"：真正的四则计算器

在步进计算器诞生之后的 200 多年中，机械计算之曲始终在莱布尼茨定好的基调上演奏。不难发现，200 多年中的制造工艺在不断进步，机器的可靠性也在不断提高，而计算原理却始终没有改进。尽管各路"莱系"计算器都宣称具备四则运算的能力，但乘除法的实现靠的是重复加减运算，使用者总是需要旋转多圈手柄，以"伪造"乘除运算的过程。严格来讲，"莱系"计算器都不是真正的四则计算器，他们只具备加减能力，因此常称为加法机（adding machine）。

那么，还有没有靠机械结构实现自动乘除的可能呢？有，而且不止一个人交出了答卷。

1834 年，意大利人路易基·托尔基发明了世界上第一台按键式计算器，这同时也是第一台可以直接进行乘法运算的计算器。可惜的是，有关这台机器的史料存世甚少。传世的四则计算器设计分别出自美国人埃德蒙·巴伯、西班牙人雷蒙·韦拉和法国人莱昂·伯利之手，他们先后于 1872 年、1878 年和 1889 年取得了发明专利。

而第一个让四则计算器走向市场的是一位生活在德国慕尼黑的瑞士工程师奥托·施泰格尔。他改进了莱昂·伯利的设计，并于 1892 年取得了德国专利，随后陆续在法国、瑞士、加拿大和美国取得了专利。在苏黎世工程师汉斯·W. 埃格利的帮助下，这款机器在 1893 年开始量产，他们为它起了一个霸气而吉利的名字——"百万富翁"。

1.　结构

"百万富翁"乍看起来像"高配版"算术仪，它有着和算术仪一样的置数滑钮和计算手柄，如图 2.50 所示。

"百万富翁"被封装于木盒之中（少数型号是金属盒），打开盒盖可以看到，机身分为上下两大部分，上半部分又分为左、中、右 3 个功能区。左上区域是一根小角度摆动的手柄，称为乘数手柄，其内部隐藏着机械乘法的奥秘；中上区域是与算术仪类似的置数滑钮（后续有少数型号改装为按键），置数滑钮下方是与之一一对应的示数窗口；右上区域为选择运算模式的滑钮（A、M、D、S 分别对应加、乘、除、减）和计算手柄，在任何模式下，都要顺时针旋转计算手柄

（后续的部分型号用电动机代替了计算手柄）。下半部分是封装在机器内部的可动部分，主要显示计算结果和旋转手柄的圈数，每次计算前都需将可动部分移至最右侧，并向右滑动清零滑钮以实现清零，清零滑钮在弹簧的作用下会自动回到左侧。

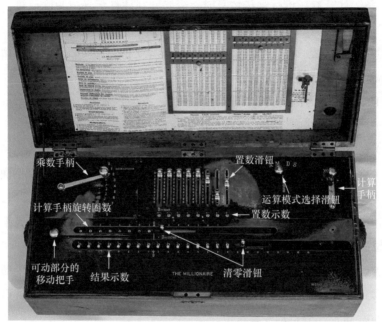

图 2.50 百万富翁的结构[1]

2. 使用方法

完成加法运算的步骤如下。

（1）选择 A 模式。

（2）通过置数滑钮置入被加数，旋转计算手柄，被加数就显示到了结果示数窗口。

（3）通过置数滑钮置入加数，旋转计算手柄，加数就累加到了被加数上，此时结果示数窗口显示的数字即为最终结果。

完成减法运算的步骤与加法类似。

（1）选择 S 模式。

---

① 图片来自百度百科。

（2）通过置数滑钮置入被减数，旋转计算手柄，被减数就显示到了结果示数窗口。

（3）通过置数滑钮置入减数，旋转计算手柄，减数就从被减数上扣除，此时结果示数窗口即显示的数字为最终结果。

"莱系"计算器在进行乘法运算时，需要分别计算被乘数与乘数每一位的部分积，"百万富翁"也是如此。不同的是，前者在计算被乘数与乘数某一位的部分积时，该位数字是多少，就要旋转多少圈计算手柄，而"百万富翁"始终只需旋转 1 圈。

以 1024×128 为例，具体步骤如下。

（1）选择 M 模式。

（2）通过置数滑钮置入被乘数 1024。

（3）旋转乘数手柄，指向乘数 128 最高位上的数字 1，旋转计算手柄，被乘数 1024 与乘数最高位 1 所产生的部分积 102400 便显示到了结果示数窗口。同时，在旋转计算手柄的过程中，可动部分自动左移一位，以累加下一步中被乘数与乘数次高位的乘积。

（4）旋转乘数手柄，指向乘数 128 次高位上的数字 2，旋转计算手柄，被乘数 1024 与乘数次高位 2 所产生的部分积 20480 便累加到了结果示数窗口，示数为 122880。可动部分自动左移一位。

（5）依次类推，直至乘数个位（此例中，这一步已经到达）。旋转乘数手柄，指向乘数 128 个位上的数字 8，旋转计算手柄，被乘数 1024 与乘数个位 8 所产生的部分积 8192 便累加到了结果示数窗口，示数为 131072，即 1024×128 的最终结果。

以 131072÷1024 为例，具体步骤如下。

（1）选择 D 模式。

（2）通过置数滑钮置入被除数 131072，旋转计算手柄，131072 显示到了结果示数窗口。

（3）通过置数滑钮置入除数 1024。

（4）比较除数和被除数的高 4 位，通过心算估算商的最高位——1，将乘数手柄指向 1。

（5）旋转计算手柄，如果估算准确，结果示数将被扣去除数 1024 与商最高位 1 的部分积 102400，示数余 28672；如果估算偏高了，被除数不够扣，机器就会响铃；如果估算偏低了，使用者会在下一步估算时发现错误。同时，在旋转计算手柄的过程中，可动部分自动左移一位。

（6）比较除数和 28672 的高 4 位，估算商的次高位——2，将乘数手柄指向 2。

（7）旋转计算手柄，结果示数被扣去除数 1024 与商的次高位 2 的部分积 20480，示数余 8192。可动部分自动左移一位。

（8）依次类推，直至结果示数小于除数，此时的结果示数即为余数。此例中，商的下一位估算为 8，余数为 0，商即 128。

可见，除法运算很大程度上依赖于使用者的心算，"百万富翁"仅作为一件辅助工具帮助使用者快速验证自己的估算。考虑到部分用户的心算能力有限，盒盖的内侧贴着一张整数 1 ～ 9 与整数 1 ～ 99 的乘积表，并附有两个可上下移动的读数游标。

3. 乘法原理

在"百万富翁"支持的范围内，多位数与任何一位数的相乘都只需要旋转一圈计算手柄。你可能绞尽脑汁也想不到，这一过程的实现靠的不是计算，而是"查表"。在机器内部，乘数手柄的下方，竟藏着一"张"纯机械的"乘法表"装置！如图 2.51 所示，在一块竖直放置的底座上，固定着 17 片呈阶梯齿状的金属片，每片厚约 2mm，片间缝隙约 1.5mm。每片从上至下分为 9 阶，阶高 4mm，阶长为 4mm 的整数倍，从短到长依次为 0mm，4mm，…，32mm，36mm，分别表示整数 0 ～ 9。

图 2.51 "百万富翁"中的"乘法表"装置

为了便于观察，我们暂时将"乘法表"装置中金属片的间距拉大，如图 2.52 所示。

由远及近，第 1 片从上至下共 9 阶，分别代表 1 和整数 1 ～ 9 的乘积；第 2、3 片从上至下共 18 阶，分别代表 2 和整数 1 ～ 9 的乘积，其中第 2 片表示十位，第 3 片表示个位；依次类推，第 16、17 片从上至下共 18 阶，分别代表 9 和整数

1 ～ 9 的乘积，其中第 16 片表示十位，第 17 片表示个位。各片上各阶的单位长度（即其所代表的数字）如表 2.1 所示。

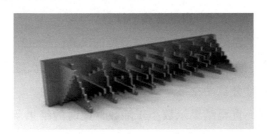

图 2.52　片距拉大之后的"乘法表"装置

表 2.1　"乘法表"各片上各阶的单位长度

阶层	第1片	第2片	第3片	第4片	第5片	第6片	第7片	第8片	第9片	第10片	第11片	第12片	第13片	第14片	第15片	第16片	第17片
第 1 阶	1	0	2	0	3	0	4	0	5	0	6	0	7	0	8	0	9
第 2 阶	2	0	4	0	6	0	8	1	0	1	2	1	4	1	6	1	8
第 3 阶	3	0	6	0	9	1	2	1	5	1	8	2	1	2	4	2	7
第 4 阶	4	0	8	1	2	1	6	2	0	2	4	2	8	3	2	3	6
第 5 阶	5	1	0	1	5	2	0	2	5	3	0	3	5	4	0	4	5
第 6 阶	6	1	2	1	8	2	4	3	0	3	6	4	2	4	8	5	4
第 7 阶	7	1	4	2	1	2	8	3	5	4	2	4	9	5	6	6	3
第 8 阶	8	1	6	2	4	3	2	4	0	4	8	5	6	6	4	7	2
第 9 阶	9	1	8	2	7	3	6	4	5	5	4	6	3	7	2	8	1

从完整性上讲，第 1 片前面也应该有一片表示十位的金属片，只不过 1 和整数 1 ～ 9 的乘积都是个位数，这一片上所有阶长都是 0，便被省去了。

由于乘法表是纵横等效的，这一装置从上至下可以分为 9 层，每层有 17 阶，第 1 层对应整数 1 ～ 9 和 1 的乘积，第 2 层对应整数 1 ～ 9 和 2 的乘积……第 9 层对应整数 1 ～ 9 和 9 的乘积。乘数手柄在整数 0 ～ 9 摆动，其实是在上下提沉整个"乘法表"装置，以使其某一层与右侧的 9 根传动齿条对齐，如图 2.53 所示。

旋转计算手柄，"乘法表"装置将向右撞击，与齿条对齐的那一层便将各齿条往右推移一段距离，各齿条的位移距离取决于"乘法表"中该层与其相对的阶的长度。当乘数手柄指向 0 时，整个"乘法表"装置位于齿条所在的水平面以下，后续的撞击就无法推动齿条产生位移。

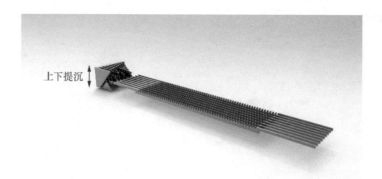

图 2.53 "乘法表"装置与传动齿条

每个置数滑钮下方都连着一个小齿轮，在置数时滑动滑钮，小齿轮就与某一根齿条啮合。在齿条被撞击时，小齿轮便旋转相应的角度，这一角度通过一系列齿轮传动将最终结果体现到结果示数轮上，如图 2.54 所示。

图 2.54 从齿条位移到结果示数的齿轮传动结构[1]

旋转计算手柄一圈的过程中，共产生两次撞击，以下以乘数为 2（即"乘法表"第 2 层与齿条对齐，见图 2.55）为例呈现这一过程。

（1）"乘法表"装置在水平面内平移至表示十位的 8 阶，并与第 2 ～ 9 根齿条一一对齐，如图 2.56 所示，向右撞击后向左恢复至原位。

（2）由于"乘法表"第 2 层中十位阶的单位长度依次为 0、0、0、1、1、1、1、1，因此在撞击过程中，前 3 根齿条没有碰触"乘法表"，不发生位移，后 5 根齿条则均向右平移 1 个单位距离（如图 2.57 所示）后，在弹簧的作用下向左

---

① 图片来自网络。

恢复至原位。

图 2.55　"乘法表"第 2 层与齿条对齐的正视图

（3）可动部分左移一位。

（4）"乘法表"装置在水平面内平移至表示个位的 9 阶，并与 9 根齿条一一对齐，如图 2.58 所示，向右撞击后向左恢复至原位。

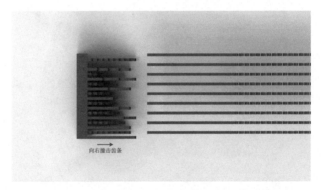

图 2.56　"乘法表"十位阶与齿条对齐的俯视图

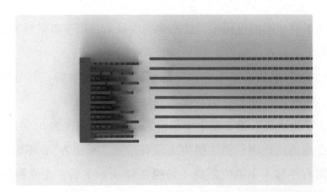

图 2.57　在"乘法表"第 2 层十位阶的撞击下，齿条的位移状态俯视图

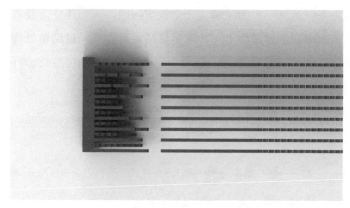

图 2.58 "乘法表"个位阶与齿条对齐的俯视图

（5）9根齿条依次向右平移2个、4个、6个、8个、0个、2个、4个、6个、8个单位距离（如图2.59所示）后，在弹簧的作用下向左恢复至原位。

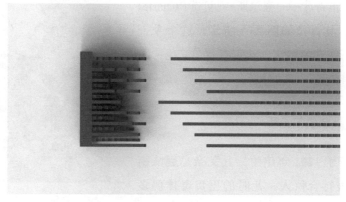

图 2.59 在"乘法表"第2层中个位阶的撞击下，齿条的位移状态俯视图

2.4.3 分析机：超越时代的伟大设想

从最基本的加法器到真正的四则计算器，一代代世界顶级的发明家不断精进着机器的设计和工艺。从17世纪到20世纪，随着时代的演进，机器驱动完成了从手摇到电动的革新。即使在电子计算器出现后的几十年里，部分已经停产的机械计算器也在世界各地的办公桌上出现。

当我们回顾历史却发现，这个跨越了300多年时光、汇聚了众多天才智慧的、辉煌的机械计算时期，仅在和加、减、乘、除这些基本运算"打交道"。难道机器只能用来做运算吗？为了解决一个数学问题，人们往往需要将多步运算串联起来，每一次串联不过是将上一步的运算结果直接或经过简单处理后交给下一步而已，如图 2.60 所示。而既然"运算"可以由机器完成，那么为什么"步骤"就不可以呢？

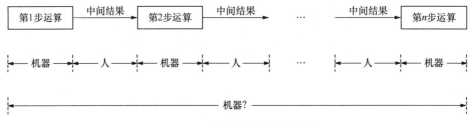

图 2.60　数学问题的解决过程

第一个用实际行动验证这一想法的，是来自英国的旷世奇才——查尔斯·巴贝奇（Charles Babbage），其肖像如图 2.61 所示。这个今天并不为人所熟知的名字，其实有着与艾伦·图灵和冯·诺依曼一样的分量。

图 2.61　查尔斯·巴贝奇的肖像[①]

1. 巴贝奇早年经历

巴贝奇于 1791 年出生，其父亲是舰队街上的一名银行合伙人。儿时的巴贝奇体弱多病，甚至一度处于生死边缘，为此他不得不时常转学或休学，在埃克塞特、托特尼斯、恩菲尔德等多地辗转求学，并聘请了多任家庭教师。虚弱的身体和坎坷的经历并没有消磨巴贝奇的学习意志，反而激发出他对数学的天赋与热爱。他勤奋刻苦、善于钻研，最终在一位家庭教师的指导下，考进了剑桥大学。

1810 年 10 月，19 岁的巴贝奇来到剑桥大学三一学院。一开始，他对这座顶级学府充满了期待，结果很快发现，大学里的常规教学内容，自己早已在平时的自学中掌握了。倍感失望的巴贝奇只得继续自我精进，并很快在学术界崭露头

---

① 图片来自维基百科。

角。他结识了一群天才朋友，并和大天文学家威廉·赫歇尔的儿子约翰·赫歇尔成为至交。

1812 年，巴贝奇与包括约翰·赫歇尔在内的几位同学一同创办了名为分析协会（Analytical Society）的数学社团，致力于推广莱布尼茨的微积分符号系统。同年，巴贝奇转至同属剑桥大学的彼得豪斯学院。到 1814 年毕业为止，他一直被公认为学院中数学领域的顶级人物。

1815 年，年仅 24 台的巴贝奇就在英国皇家学会开设天文学讲座，并于次年成为英国皇家学会会员。1816 年，他与分析协会的成员一起整理、翻译、出版了法国数学家西尔韦斯特·拉克鲁瓦的学术讲座合集，该书成为当时最出色的微积分教科书。1819 年，在著名天文学家皮埃尔 - 西蒙·拉普拉斯的推荐下，他被爱丁堡大学聘为教授。1820 年，英国皇家天文学会成立，巴贝奇为创始人之一，由威廉·赫歇尔担任会长。

英国皇家天文学会的成立之初旨在规范天文学领域的计算，并提高数据的复用价值。巴贝奇对计算和数据有着浓厚的兴趣，他将随后的事业重心放到了这份兴趣之上。也许他自己也不会想到，这一选择让他的人生开始发生巨大变化。

1824 年，英国皇家天文学会授予巴贝奇金质奖章，以表彰他在这一领域做出的第一份贡献——一种高度自动化的计算机器——差分机（difference engine）。

2. 差分机

1）差分思想

差分机这个名字来源自其所使用的算法，是帕斯卡在 1654 年提出的差分思想：n 次多项式的 n 次数值差分为同一常数。这句话概括性高，不太好理解，让我们用如下几个例子来详细说明。

构造一次函数 $F(x)$：

$$F(x) = 10x + 24, \ x \in \mathbf{N}$$

同时定义差分 $\Delta F(x)$：

$$\Delta F(x) = F(x+1) - F(x)$$

在 x 取 0 ~ 6 时，$F(x)$ 及 $\Delta F(x)$ 的值如表 2.2 所示。

表 2.2　一次多项式及其差分的取值示例

x	0	1	2	3	4	5	6
$F(x)$	24	34	44	54	64	74	84
$\Delta F(x)$	10	10	10	10	10	10	未计算

不难发现，对于一次多项式，每个相邻的 x 所对应的 $F(x)$ 之差都是一个常数，这个常数正是 x 的系数。那么二次多项式呢？

构造二次函数 $F(x)$ ：

$$F(x) = 10x^2 + 2x + 4,\ x \in \mathbf{N}$$

同时定义一次差分与二次差分：

$$\Delta F^1(x) = F(x+1) - F(x)$$

$$\Delta F^2(x) = \Delta F^1(x+1) - \Delta F^1(x)$$

在 x 取 $0 \sim 6$ 时，$F(x)$ 及其一次、二次差分的值如表 2.3 所示。

表 2.3　二次多项式及其差分的取值示例

x	0	1	2	3	4	5	6
$F(x)$	4	16	48	100	172	264	376
$\Delta F^1(x)$	12	32	52	72	92	112	未计算
$\Delta F^2(x)$	20	20	20	20	20	未计算	未计算

对于二次多项式，每个相邻的 x 所对应的一次差分之差（即二次差分）是一个常数。

一次多项式和二次多项式的规律如此，三次、四次乃至任意多次的多项式都遵循这样的差分规律——n 次多项式的 n 次差分为常数。

差分规律是一项伟大的发现，有了差分，在计算多项式时，我们就可以用加法代替乘法，只需要准备好 $x=0$ 时 $F(x)$ 及各次差分的值，后面任意 x 所对应的 $F(x)$ 值均可通过加法得出。回顾表 2.3 的内容，只要有了第 1 列中 $F(0)$、$\Delta F^1(0)$ 和 $\Delta F^2(0)$ 的值，第 2 列的 $F(1)$ 即可通过 $F(0)+\Delta F^1(0)$ 得到、$\Delta F^1(1)$ 可通过 $\Delta F^1(0)+\Delta F^2(0)$ 得到。同理，第 3 列的 $F(2)$ 和 $\Delta F^1(2)$ 也可根据第 2 列的数据得到，依次类推，任意列的数据都可通过前一列的数据得到。这表示要求解 $F(n)$，只需将前 n 列数据进行不断迭代，而整个过程只涉及加法。

许多常见的函数在数学上称为解析函数，它们可以用多项式逼近（幂级数展开），常用的三角函数、对数函数都可以转换为多项式。借助差分思想，这些函数可以进一步转换为重复的加法。而加法运算正是机械计算器的"拿手好戏"，这样一来，绝大部分数学运算就都可以交给机器了。

2）研制历程

差分机的设想最早由一位名为约翰·赫尔弗里奇·冯·米勒的德国工程师在1784年提出，但他没有得到资金支持，这一历史重任最终留给了巴贝奇。

差分机的故事要从1789年法国大革命说起。君主制被推翻后，新成立的国民议会大刀阔斧地推行着多项改革，其中一项很重要的工作就是统一全国混乱的度量衡，这项旷日持久的工程直接推动了后来国际米制的诞生，成为法国对世界科学最伟大的贡献之一。与此同时，原本的数学用表不再适用，需要重新编制。1791年，这项艰巨的任务落在了数学家加斯帕德·戴·普罗尼肩上。

表的规模十分庞大，计算结果需要精确到小数点后 14～29 位，工作量之大，已经不能作为一项普通的数学任务去对待，它已经是个正式的工程。普罗尼想到经济学家亚当·史密斯那本经典的《国富论》，其中劳动分工的理念令他颇受启发。普罗尼将制表人员分成金字塔式的 3 层：第一层为 5～6 名顶级的数学家，负责选择公式、确定计算精度和计算范围；第二层为 7～8 名普通的数学家，负责计算一些关键数据和初始数据，并为第三层提供计算模板、方法和示例；第三层为 60～80 名只会基本算术的计算员，负责完成耗时耗力的重复运算。

这种创新式的分工方式不仅帮助普罗尼顺利完成了任务，还使他有了足够的自信宣称"制作数学用表可以像生产针一样简单"。然而，最大的问题是，成表的正确率却不高——尽管普罗尼要求每个数据至少计算两遍，并且要在法国的不同地点用不同的方法完成。

多年以后的英国，巴贝奇和约翰·赫歇尔也承担着类似的制表任务。他们深入调研了这位前辈的工作，了解到正确率的保障有多困难。他们尝试了各种减少错误的方法，如调整纸张和墨水的颜色以提高数字的识别度，直接拿现有多个版本的表进行誊抄、比对、让不同人员反复校对，结果却依然难以令人满意。

其实，那个时代基本没有一版数学用表是完全正确的，有些版本甚至错误百出。这些错误可能会造成很严重的后果，如航海表一旦在关键地方出错，将可能直接导致船毁人亡。

巴贝奇意识到，只要是人为的，就没有完美的。他思忖着，普罗尼分工模式的最底层——那个最简单、最吃力、人员最多且产生最多错误的层次可否用机器来代替呢？

1822 年 6 月 14 日，巴贝奇向皇家天文学会递交了一篇名为"论机械在天文及数学用表计算中的应用"的论文，差分机的概念正式问世。

与论文一起亮相的，是一台简单的原型机——差分机 0 号。英国政府对它很有兴趣，并于次年拨款 1700 英镑，希望巴贝奇能做出实用产品，彻底解决制表难题。

拿到启动资金的巴贝奇如鱼得水，立即着手差分机 1 号的研制，并宣称只需两三年就能完成任务。谁知任务实行起来要比想象中困难得多，那个时代的机械制造水平满足不了差分机的精密要求，巴贝奇跑遍整个欧洲也没找到多少能用的零件，于是在制造机器之前，还要先考虑怎么制造各类零件。在当时一位顶尖的英国机械师约瑟夫·克莱门特的帮助下，巴贝奇不仅做出了差分机能用的零件，还培养出了大批优秀的技师。

也正因为如此，他们无意间将一个项目扩展到了一个行业的尺度，尽管实施的过程看似精雕细琢、尽善尽美，但是没能交付一件满足要求的产品。1832 年，项目启动了 10 年，巴贝奇却只完成了设计稿的 1/7——一台支持 6 位数、2 次差分的小模型（设计稿指出支持 20 位数、6 次差分），如图 2.62 所示。

英国政府对此大失所望，他们想要的只是一台能自动制表的机器，而不是培养技术人才，增加就业岗位，促进机械行业发展这些"大事"。而巴贝奇本人也开始转向一种新机器的研究（下文将对此进行详述），差分机的建造基本烂尾。1842 年，英国政府正式宣布不再出资，为期 20 年的差分机项目以失败告终，而至此，项目花费的经费已经高达 17000 英镑，是最初预算的整整 10 倍。

值得一提的是，客观条件（制造业水平）的不足其实并不是差分机 1 号失败的主要原因。同时代的瑞典人佩尔·乔治·舒茨在借鉴巴贝奇的设计之后，于 1843 年建成了一台支持 5 位数、3 次差分的差分机，随后又分别在 1853 年和 1859 年建成了两台均支持 15 位数、4 次差分的差分机（如图 2.63 所示），先后由美国纽约的一家天文台和英国政府购买使用。

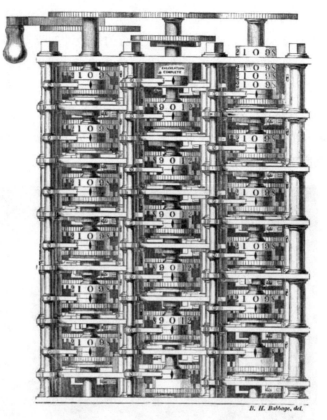

图 2.62　差分机 1 号的 1/7 模型 [1]

图 2.63　支持 15 位数、4 次差分的差分机 [2]

　　舒茨之后，还有来自瑞典、英国、美国、德国、新西兰等多国的公司和发明家在 1859—1931 年都成功建成了差分机。

---

[1] 图片来自维基百科，由巴贝奇长子本杰明·赫歇尔·巴贝奇绘制。1862 年，这台"低配版"的差分机 1 号先后在伦敦世界博览会和南肯辛顿博物馆展出，后藏于伦敦科学博物馆。

[2] 图片来自维基百科。

作为差分机的创始人，巴贝奇反倒没有留下实际可用的机器。1846—1849
年，他升级了设计，提出支持 31 位、7 次差分的差分机 2 号（Difference Engine
No.2）方案，但没了政府的资助，该方案只能停留于稿纸上。于是，巴贝奇的
设计是否真的可行，其人作为"差分机之父"是否名副其实，成了学术界长久以
来的一大争论。1985—1991 年，伦敦科学博物馆为了纪念巴贝奇诞辰 200 周年，
根据其 1849 年的设计，用纯 19 世纪的技术成功建成了差分机 2 号（如图 2.64
所示），才彻底巩固了他的历史地位。

图 2.64　伦敦科学博物馆的差分机 2 号[①]

这台差分机被珍藏于伦敦科学博物馆的玻璃柜中。后来，由前微软 CTO 内
森·梅尔沃德出资建造了第 2 台差分机 2 号，2008—2016 年在美国加州的计算
机历史博物馆展出（如图 2.65 所示），配以工作人员进行现场讲解和演示，参观
者得以更直观地感受其工作机理。

3）工作原理

差分机 2 号支持七次差分，即可解七次多项式。构造如下简单的七次函数 $F(x)$。

$$F(x) = x^7 + x, x \in \mathbf{N}$$

在 x 取整数 0 ～ 9 时，$F(x)$ 及其差分的值如表 2.4 所示，其中七次差分为常
数 5040。

---

① 图片来自维基百科。

表 2.4　$F(x)$ 及其差分的值

x	0	1	2	3	4	5	6	7	8	9
$F(x)$	0	2	130	2190	16388	78130	279942	823550	2097160	4782978
$\Delta F^1(x)$	2	128	2060	14198	61742	201812	543608	1273610	2685818	
$\Delta F^2(x)$	126	1932	12138	47544	140070	341796	730002	1412208		
$\Delta F^3(x)$	1806	10206	35406	92526	201726	388206	682206			
$\Delta F^4(x)$	8400	25200	57120	109200	186480	294000				
$\Delta F^5(x)$	16800	31920	52080	77280	107520					
$\Delta F^6(x)$	15120	20160	25200	30240						
$\Delta F^7(x)$	5040	5040	5040							

图 2.65　在计算机历史博物馆展出的差分机 2 号[1]

　　根据差分思想，只需要将表 2.4 中的第 1 列数据输入机器，机器通过进行 7 次加法运算即可得到第 2 列的数据，依次类推，每一列都可通过对其前一列数据进行 7 次加法运算得到。实现这一过程需要设置 8 个计数器，分别存储 $F(x)$ 和 $\Delta F^1(x) \sim \Delta F^7(x)$ 的值，如图 2.66 所示。

　　第 1 步，计数器 A 中的值和计数器 B 中的值相加，结果存入计数器 A。第 2 步，计数器 B 和计数器 C 中的值相加，结果存入计数器 B；依次类推，第 7 步，

---

① 图片来自维基百科。

计数器 G 中的值和计数器 H 中的值相加，结果存入计数器 G。计数器 H 始终存放常数 $\Delta F^7(x)$，计数器 A ～ G 依次被新值覆盖，这 7 步运算必须串行执行。

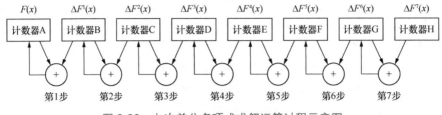

图 2.66　七次差分多项式求解运算过程示意图

巴贝奇对此不太满意，于是让计数器成对成对地并行相加，即同时计算计数器 A 中的值 + 计数器 B 中的值，计数器 C 中的值 + 计数器 D 中的值，计数器 E 中的值 + 计数器 F 中的值和计数器 G 中的值 + 计数器 H 中的值，随后再同时计算计数器 B 中的值 + 计数器 C 中的值、计数器中的值 D+ 计数器 E 中的值和计数器中的值 F+ 计数器 G 中的值。这样整个计算过程就只需要 2 步，速度提高了 3.5 倍。然而，在第 2 步中，计数器 C、E、G 中已经是新值，为了直接利用这些新值，要准备的初始数据不再是 $F(0)$ 和 $\Delta F^1(0) \sim \Delta F^7(0)$，而是"阶梯式"的 $F(3)$、$\Delta F^1(3)$、$\Delta F^2(2)$、$\Delta F^3(2)$、$\Delta F^4(1)$、$\Delta F^5(1)$、$\Delta F^6(0)$ 和 $\Delta F^7(0)$。

仍以上例进行说明。

第 1 步，加粗的单元格所对应的即机器所需的初始数据，颜色相同则成对相加，分别得到 $F(4)$、$\Delta F^2(3)$、$\Delta F^4(2)$ 和 $\Delta F^6(1)$ 的值，如表 2.5 所示。

表 2.5　差分机并行计算的第 1 步

x	0	1	2	3	4	5	6	7	8	9
$F(x)$	0	2	130	2190	16388					
$\Delta F^1(x)$	2	128	2060	14198						
$\Delta F^2(x)$	126	1932	12138	47544						
$\Delta F^3(x)$	1806	10206	35406							
$\Delta F^4(x)$	8400	25200	57120							
$\Delta F^5(x)$	16800	31920								
$\Delta F^6(x)$	15120	20160								
$\Delta F^7(x)$	5040									

第 2 步，加粗的单元格成对相加，分别得到 $\Delta F^1(4)$、$\Delta F^3(3)$ 和 $\Delta F^5(2)$ 的值，至此已为求解 $F(5)$ 准备好了新的"阶梯"，如表 2.6 所示。

表 2.6　差分机并行计算的第 2 步

x	0	1	2	3	4	5	6	7	8	9
$F(x)$	0	2	130	2190	16388					
$\Delta F^1(x)$	2	128	2060	14198	61742					
$\Delta F^2(x)$	126	1932	12138	47544						
$\Delta F^3(x)$	1806	10206	35406	92526						
$\Delta F^4(x)$	8400	25200	57120							
$\Delta F^5(x)$	16800	31920	52080							
$\Delta F^6(x)$	15120	20160								
$\Delta F^7(x)$	5040									

依次类推，求解 $x \geqslant 4$ 的任意 $F(x)$ 值，且求解每个值只需要 2 步。

在差分机 2 号中，存储数据的 8 个计数器表现为 8 列示数齿轮，每列有 31 个示数齿轮，一个齿轮对应一个数位（底部为最低位，顶部为最高位），即单列可存储长达 31 位的数据，如图 2.67 所示。

图 2.67　差分机 2 号中的 8 个计数器

图 2.68 所示为单个示数齿轮，它有 40 个齿，一圈印着 4 组 0～9 的数字，每旋转 90°（四分之一圈）需要进位一次。

两个相邻计数器的相加，对应着 31

图 2.68　差分机 2 号中的单个示数齿轮

对示数齿轮的两两相加，其中，位于同一水平面、代表相同数位的示数齿轮为一对。一对示数齿轮的相加靠一个与双方啮合的扇形传动轮实现，如图 2.69 所示。这个传动齿轮的齿轮厚度不一，呈左薄右厚的扇形分布，故名扇形轮。扇形轮可以小幅度上下移动到 3 个位置，位于下位时，与左右示数齿轮同时啮合；位于中位时，只与右侧的示数齿轮啮合；位于上位时，与两者都不啮合。

图 2.69　扇形传动轮与示数齿轮的啮合关系

仔细观察可以发现，扇形轮两侧示数齿轮上的数字的排列顺序是相反的。以图 2.70 为例，两轮相加的过程如下。

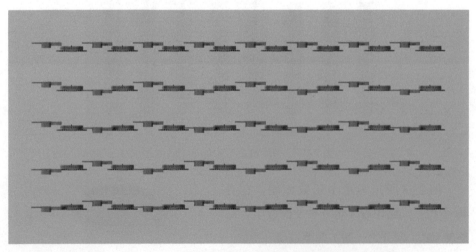

图 2.70　计算一次 $F(x)$ 的示数齿轮运转过程

（1）扇形轮移动至下位，与两个示数齿轮啮合。

（2）右侧示数齿轮逆时针旋转（俯视角）至归零，带动扇形轮顺时针旋转相应角度。

（3）扇形轮带动左侧示数齿轮逆时针旋转相应角度，右侧示数齿轮上原来的数值就加到了左侧示数齿轮上。

（4）扇形轮移动至中位，仅与右侧示数齿轮啮合。

（5）扇形轮逆时针旋转与刚才一样的角度，带动右侧示数齿轮顺时针旋转至原示数状态。

在此过程中，右侧示数齿轮先归零而后恢复示数，它可以称为加数齿轮；而左侧示数齿轮保存了相加的结果，它可以称为累加齿轮。

在巴贝奇的并行算法中，第 1 步中，计数器 A、C、E、G 负责保存相加结果，即它们的示数齿轮为累加齿轮，第 2 步中，计数器 B、D、F 负责保存相加结果，计数器 C、E、G 中的示数齿轮又充当了加数齿轮的角色。计数器 B ～ G 中的每个示数齿轮都在步骤交替过程中交替扮演加数齿轮和累加齿轮的角色。计数器 H 保存着七次差分常数，其示数齿轮始终为加数齿轮。

下面以 8 个计数器中某一数位上的一组（8 个）示数齿轮为代表，演示产生一个新 $F(x)$ 的计算过程。让我们借用表 2.4 和表 2.5 中的数据，为避免进位的干扰选取个位，$F(3)$、$\Delta F^1(3)$、$\Delta F^2(2)$、$\Delta F^3(2)$、$\Delta F^4(1)$、$\Delta F^5(1)$、$\Delta F^6(0)$、$\Delta F^7(0)$ 的个位数依次为 0、8、8、6、0、0、0、0、$F(4)$、$\Delta F^1(4)$、$\Delta F^2(3)$、$\Delta F^3(3)$、$\Delta F^4(2)$、$\Delta F^5(2)$、$\Delta F^6(1)$、$\Delta F^7(1)$ 的个位数依次为 2、2、4、6、0、0、0、0，从前者得到后者的过程如图 2.7 所示。为了方便说明，将计数器 A ～ H 的示数齿轮分别以 a ～ g 编号，其中的扇形轮为 1 ～ 8 编号。

在初始状态，令 8 个扇形轮均处于上位，不与示数齿轮啮合，示数齿轮依次置为 0、8、8、6、0、0、0、0。

第 1 步，扇形轮 2、4、6、8 均移至下位，分别与左右两侧的示数齿轮啮合。此时，示数齿轮 a、c、e、g 为累加齿轮，b、d、f、h 为加数齿轮。4 个加数齿轮逆时针旋转至归零，在扇形轮的作用下，将自己的数值加到相应的累加齿轮上。

第 2 步，扇形轮 2、4、6、8 均上移至中位，只与右侧示数齿轮啮合。该 4 个扇形轮逆时针旋转，带动示数齿轮 b、d、f、h 恢复数值。

第 3 步，扇形轮 1、3、5、7 均下移至下位，同时 2、4、6、8 均上移至上位。

此时，示数轮 b、d、f 为累加齿轮，示数齿轮 c、e、g 为加数齿轮。3 个加数齿轮逆时针旋转至归零，在扇形轮的作用下，将自己的数值加到相应的累加齿轮上。

第 4 步，扇形轮 1、3、5、7 均上移至中位，只与右侧示数齿轮啮合。该 4 个扇形轮逆时针旋转，带动示数齿轮 c、e、g 恢复数值。

第 3 ～ 4 步中，示数齿轮 a 和扇形轮 1 可以跟随其他齿轮做无效旋转，也可以不动。

图 2.71 所示为伦敦科学博物馆差分机 2 号的计数装置的局部照，整齐排列的示数齿轮和扇形轮清晰可见。在它们背后，还有一组螺旋状的进位装置。当差分机工作时，一排排示数齿轮缓缓旋转，一列列扇形轮交替上下移动，有规律地发出整齐的"咔咔"声，十分壮观。

图 2.71　差分机 2 号计数装置的局部[①]

3. 分析机

差分机的建造虽然失败了，但巴贝奇从未停止过对设计稿的改进。直到有一天，一个惊人的想法在他脑中掠过——差分机固然强大，但终究只能计算多项式，何不建造一台可以解决所有计算问题的通用机器呢？

1833 年，巴贝奇就着手开始设计建造并不断改进这种通用机器，直至离世。这台被他称作分析机（Analytical Engine）的机器直接将机械计算的理念发挥到

---

① 图片来自维基百科。

了极致。

1）组成结构

巴贝奇将分析机划分为五大部分。

- 由差分机的计数装置改进而来的数据存储器，它可存储 1000 个 40 位的十进制数。

- 支持四则运算、比较大小和开平方根，巴贝奇称之为"工厂"（mill）。

- 实现逻辑控制的圆柱形"控制筒"，筒身固定着许多销钉，随着"控制筒"的旋转，销钉将推动杠杆实现控制。

- 3 种用于输入的读卡装置。第 1 种读卡装置用于输入运算指令，第 2 种读卡装置用于输入常量数据，第 3 种读卡装置用于输入控制数据（在存储器和算术单元之间）传输的指令。承载这些输入信息的是一种名为穿孔卡片（punched card/punch card）的经典载体，3 种读卡装置分别识别 3 种类型（运算、数据和控制）的穿孔卡片。

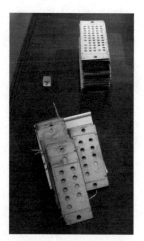

图 2.72　分析机使用的穿孔卡片[1]

图 2.72 所示为分析机使用的数据类卡片（上）和运算类卡片（下）。

- 4 种输出装置，它们分别为打印装置、曲线绘图仪、响铃和打孔机（用于制造穿孔卡片）。

后人惊讶地发现，这种组成结构竟和现代计算机如出一辙！[2]

五大部件的协作过程大体是这样的：读卡装置从穿孔卡片上读取数据和运算指令，数据进入存储器，随后被传送至"工厂"进行处理，处理结果存入存储器并通过输出装置呈现给用户。在控制类穿孔卡片的指引下，"控制筒"可以实现顺序、循环、条件等多种控制逻辑，读取数据的读卡装置不仅可以按照正常顺序读卡，还可以反序读卡，甚至跳过部分卡片。

巴贝奇首次将运行步骤从机器上"剥离"，靠随时可以替换的穿孔卡片来"指挥"机器，成就了机器的可编程性。其中，穿孔卡片功不可没。这种经典的

---

[1] 图片来自维基百科。

[2] 现代计算机的五大组成部件是由冯·诺依曼明确提出的。

数据载体跨越了机械、机电和电子 3 个时期，一直沿用至 20 世纪 80 年代中期。

2）穿孔卡片

穿孔卡片实际上并不是巴贝奇发明的，而是来自一个看似与计算机毫不相关的领域——纺织。

我国古代，用于织造丝锦的织机叫提花机，最迟在殷商时期就已出现，后经丝绸之路传入阿拉伯，再传到意大利和法国。图 2.73 所示为提花机中功能最强的大花楼提花机，长约 5.33m，高约 5m，高起的部分叫花楼，织锦则需要上下两人配合完成。

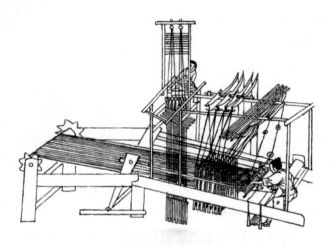

图 2.73 《天工开物》中的大花楼提花机 [1]

别看提花机的组成复杂，但其织锦的原理其实十分简单，就是通过纵横排列的丝线相互交织而成。纵向的叫经线，横向的叫纬线。要织出花纹，就需要将部分经线提起，让纬线通过梭口，没有被经线压住的纬线部分就可以形成花纹。坐在花楼上的提花工就专门负责提起这些经线，花楼下的织花工则负责抛梭引线。

由于每织一行花纹所要提起的经线都不尽相同，因此问题就来了：经线那么多，织完一片锦前后要提那么多次，提花工怎么记得住每次提哪些经线呢？传统的方式是根据想要织出的花纹预先编织花本，花本是花纹的"蓬松版"，可以提示"每次需要提哪些经线"的信息，提花工就可以根据花本"提花"，如图 2.74 所示。

---

[1] 图片来自网络，南京云锦研究所藏有大花楼提花机实物。

图 2.74 花本[1]

提花机传到西方后，19 世纪初，一个叫约瑟夫·玛丽·雅卡尔的法国人开始使用穿孔卡片来保存花本。图 2.75 所示为他的肖像及其提花机。

图 2.75 约瑟夫·玛丽·雅卡尔肖像及其提花机[2]

在卡片上预设若干孔位，每个孔位可以穿孔，也可以不穿孔。雅卡尔提花机的工作原理如图 2.76 所示。将卡片置于经线上方，其上方是与所有孔位一一相对的钩针。在织锦时，钩针一齐下探，尝试穿过卡片，没有穿孔的孔位上方的钩针被挡住，穿孔孔位上方的钩针就可以穿过卡片勾起经线。提花工的工作就可以完全交给机器自动完成，提花机就只需要一个工人操作了。

---

① 图片来自《中国丝绸通史》。

② 图片来自维基百科，该肖像由雅卡尔提花机在 24000 张穿孔卡片的控制下于 1839 年织就。

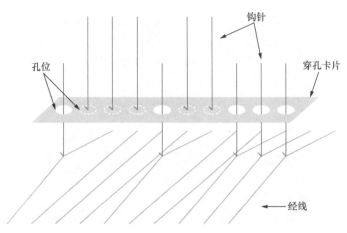

图 2.76　雅卡尔提花机的工作原理

巴贝奇在一次巴黎展览会上看到了雅卡尔的提花机，对其印象十分深刻，很快就想到可以把穿孔卡片应用到分析机上。分析机读卡装置的原理与雅卡尔提花机类似，也是靠探针尝试穿过卡片，要么顺利穿过，要么被卡片顶住，两种不同情况下的探针的不同位移能产生不同的机械传动——这其实是计算机史上最早的二进制应用。

3）研制成果

分析机的研制不幸步了差分机的后尘，巴贝奇付出了几十年的努力，却只建成了它的一小部分，如图 2.77 所示。

图 2.77　藏于伦敦科学博物馆的分析机半成品 [1]

―――――――――――――
[1] 图片来自维基百科。

巴贝奇抱憾而终，留给后世的只有这台小小的模型和 2000 多张图纸。他在遗言中写道："如果一个人不因我一生的挫折而却步，仍然一往直前制成一台具有全部数学分析能力的机器……那么我愿将我的声誉毫不吝啬地让给他，因为只有他能够完全理解我的种种努力，以及这些努力所得成果的真正价值。"

巴贝奇逝世后，小儿子亨利·普雷沃斯特·巴贝奇继承了他的遗志，1880—1910 年陆陆续续做出了分析机的"工厂"和打印装置，但其中的"工厂"还不具有可编程性，如图 2.78 所示。

图 2.78　藏于伦敦科学博物馆的分析机的"工厂" [1]

和差分机不同的是，分析机现存的图纸并不完整，因此，至今也没人将其建造出来。2010 年 10 月，一位英国的计算机专家发起了一个名为"Plan 28"的项目（名称源于巴贝奇的第 28 套设计方案），通过公开募捐的形式筹集资金，计划深入研究分析机的设计，而后构建仿真模型，最终建造实物。截至 2017 年，"Plan 28"完成了对所有现存资料的整理、归类和消化，它最终能否让分析机从图纸上"活过来"，让我们拭目以待。

---

① 图片来自维基百科。

4）第一位程序员

1840 年，巴贝奇应邀来到意大利都灵大学分享分析机的设计，当时一位年轻的工程师、后来的意大利首相路易吉·费德里科·梅纳布雷亚用法语记下了详细的笔记，并于 1842 年整理出版。1843 年，著名诗人乔治·戈登·拜伦的女儿艾达·洛芙莱斯[①]将这份笔记译成英文，并在巴贝奇的提议下添加了许多自己的理解，其肖像如图 2.79 左侧所示。此时的艾达其实已经对分析机"痴迷"了 8 年，她写下的注解的篇幅足有译文的 2 倍！书中一处在分析机上计算伯努利数的描述被后人视为史上第一个计算机程序（见图 2.79 右侧），这本名为《关于巴贝奇先生发明的分析机简讯》的书被视为程序设计方面的第一本著作，艾达则被视为史上第一位程序员。

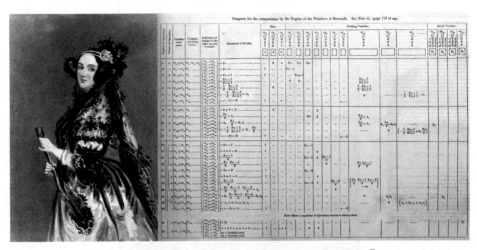

图 2.79　艾达·洛芙莱斯的肖像及其伯努利数程序[②]

艾达对分析机的热爱不亚于巴贝奇，想象中的机器运转在她心中是如此美妙："提花机织出了红花与绿叶，而分析机编织着代数的图案。"这位聪慧而浪漫的女性，还在分析机上看到了连巴贝奇都没有看到的潜力：它不该只能用来计算，还能用来表达其他东西，如音乐。这是多么长远的眼光！

1979 年，美国国防部将一种编程语言命名为 Ada，以纪念这位与巴贝奇同样具有超前思想的伟大女性。

---

① 艾达·洛芙莱斯（Ada Lovelace），1815—1852，英国数学家、作家，史上第一位程序员。

② 图片来自维基百科。

4. 后话

巴贝奇是一个忙得停不下来的人，他的研究遍布各个领域。他编写过包括世界语在内的一系列辞典；他和约翰·赫歇尔一起做过电动力学方面的研究，并奠定了涡流理论的基础；他还写过在早期运筹学领域一本很有影响力的专著——《论机械和制造业的经济》，其中对层次化劳动分工的商业优势的论述被后人称为"巴贝奇原理"。在此方面，大思想家马克思（Marx）将他和亚当·斯密相提并论，甚至更同意他的某些观点。巴贝奇在写作的过程中，对图书出版也有了心得，并研究了这个行业的成本模型；他在度量衡和测量领域的研究成果成为机械制造的坚实基石，因此也常被视为机床领域的先驱之一；他还对火车的改进做过不少贡献，如发明了火车头排障器，以及使用纸带记录并分析火车引擎的拉力、车厢的运行轨迹和垂直振动情况，后来英国铁路公司为了纪念他将一型火车头命名为"查尔斯·巴贝奇"；他为做眼科医生的朋友发明了查看视网膜血管和视神经的眼底镜（在此之前只能通过放大镜观察），可惜这位朋友没当回事，这项成就落到了后来的发明人头上；克里米亚战争期间，他成功破解了两种经典的加密算法（维吉尼亚密码和自动密钥密码），只不过作为军事机密没能发表，功劳又落到了后来的破解者头上……

除作为英国皇家天文学会的领导成员，巴贝奇获得了各种荣誉。1830年，他出版《英格兰科学的衰落》一书，促成了1831年英国科学促进协会（BAAS）的成立，其后BAAS设立统计学部，由巴贝奇担任主席。1832年，他被美国人文与科学院吸纳为外籍荣誉院士，并于同年荣获英国皇家圭尔夫勋章。最了不起的是，他在1828—1839年担任剑桥大学卢卡斯数学教授，有史以来坐上这一席位的伟人只有19位，其中包括牛顿和霍金（Hawking）。

巴贝奇不仅有才能，还有钱，在1827年父亲去世后，他继承了一大笔遗产，是个名副其实的富豪。他从学校毕业后就定居在伦敦富人区马里波恩，并在此度过了一生。

巴贝奇对生活品质极其讲究，这份讲究从屋里延伸到屋外，令他对许多干扰到他的社会现象非常不满。作为一名科学家，他表达不满的方式很与众不同。他在80天内记录了165件扰民事件，还总结了一份"对街头扰民事件的观察"；他厌恶酒鬼，于是研究起某家工厂窗户的玻璃碎片，并发表了"平板玻璃窗户破碎原因相对频率表"。结论是，在他研究的464扇窗户中，有14扇是被醉酒之人打碎的……

为了纪念巴贝奇一生伟大的成就，后人将一座月球环形山命名为"巴贝奇"，美国明尼苏达大学设立了专门研究 IT 历史的查尔斯・巴贝奇机构，20 世纪的一款电子计算机还提供了一种名为巴贝奇的编程语言。在英国，巴贝奇早已成为一种文化符号和民族骄傲。普利茅斯大学专门修建了一座巴贝奇大楼，托特尼斯镇则干脆把巴贝奇的头像印到了当地的纸币上；2015 年，巴贝奇和分析机、艾达和她的伯努利程序还一同出现在英国的护照上……

纵观整个机械时期，巴贝奇的思想远超其他几位先驱者，他如同一个从 20 世纪穿越回去的先知，把一百年后的思想"剧透"给了世人。唯一缺憾的是，不论是差分机还是分析机，巴贝奇都终究没能实现。人类的技术发展错过了一次"跳级"的机会，巴贝奇在计算机领域的成就逐渐没入历史的浓雾，等待百年之后再被另一批天才重新发现。

2.5　小结

机械计算是在人类基础科学突进和资本主义扩张的历史背景下产生的，这一时期，人们面临着前所未有的计算挑战，主要体现在计算量的剧增、精度的要求提高，计算难度仍大体停留在（或可分解为）最简单的四则运算。人类首次意识到自动化计算的意义，哪怕只能让机器分担最简单的那一部分。

这一时期的产品多数功能简单，却很笨重（后来出现的科塔除外），往往占据一个桌角甚或半张桌子后便很少挪动，因此除"机械（式）计算器"之外，人们还常称之为"桌面（式）计算器"。根据交互方式，最终普及的产品可分为"手摇式计算器"和"按键式计算器"。这些都是人们在谈到机械计算设备时常用的称呼。

机械计算技术的发展历程像极了如今许多科技产品（如可穿戴设备和智能家居）"孵化"的过程，都要经历方向探索、内测试验和商业推广 3 个阶段。有些创意败在了前两个阶段，有些产品输在了第三阶段初期，最终存活下来的便是历史选择后的结果。

在方向探索阶段，新概念的出现成为时代的分界线。这一阶段的发明者还不知道哪条路能通向未来，各种解决方案层出不穷，也正是这种"百花齐放"给后来者提供了更多的选择。以契克卡德计算钟为代表的对手动时期计算工具的封装[①]、以帕斯卡算术机为代表的早期加法器，乃至影响了整个机械时期的莱布尼茨步进计算器，都属于这一阶段的开拓性成果。值得一提的是，除步进计算器之外，莱布尼茨还提出过改变齿轮齿数的设计，更超前地提出过一种简易的二进制机械加法器——这些都是意义非凡的探索。只是限于客观原因，许多想法无从实现，或没有实用价值罢了。

在内测试验阶段，这一阶段方案已经落地，概念已经成型，但只在"发烧友"的小圈子里流行。帕斯卡和莱布尼茨的成果也可以归于这一阶段，他们都尝试过批量建造，却终究在普通用户那里摆脱不了类似"半成品"的"鸡肋感"或"奢侈品"的"高冷范"。

在商业推广阶段，从托马斯开始，机械计算才真正得以普及，并逐渐形成了多元化的竞争市场。19 世纪出现的主流机械计算器产品如图 2.80 所示。

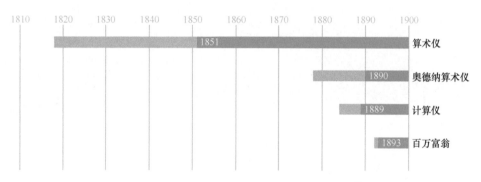

图 2.80　19 世纪出现的主流机械计算器产品[②]

不单是机械计算器，后文的机电计算机和电子计算机也都遵循着这样的发展规律。

最另类的自然要数巴贝奇了，他的理念过于超前，既可以归入机械时期的第一阶段，也可以归入机电时期乃至电子时期的第一阶段。

发展了 300 多年的机械制造技术似乎并没有为计算机领域留下多少"遗产"，甚至有些言论认为这段历史和计算机的发展关系不大，其实不然，机械计算器恰恰是计算机发明的起点。从此时开始，人们不再满足于简单地使用工具进行辅

---

① 封装纳皮尔筹的发明其实有很多，制作自动算盘的尝试也曾屡有出现，由于篇幅有限，本书不再提及。

② 浅色横条代表研制周期，深色横条代表 19 世纪内的生产周期。

助，而走出了将智力"交给"机器的第一步。

尽管计算机的硬件早已今非昔比，在机械时期诞生的一些计算思想却沿用了下来，如帕斯卡算术机的反码、以菲尔特算术仪为代表的键盘设计、巴贝奇所意识到的幂级数展开的意义、分析机中许多超越时代的远见卓识等。

1981 年，电气与电子工程师学会（Institute of Electrical and Electronics Engineers，IEEE）设立计算机先驱奖。相比图灵奖，它更侧重于表彰计算机硬件方面的先驱者。它的奖章上刻着的不是巴贝奇，也不是其他后来者，而是仅实现了自动加减法的布莱士·帕斯卡。

第**3**章

蠢蠢欲动的机电时期

3.1 左手物理，右手哲学

3.1.1 电的引入

机械时期，再复杂的计算装置，一旦被拆开，每一个零件就展现在人们眼前。只要掀开机器的外壳，它们的运行机理就变得一目了然。计算机真正变得令人费解，是从电的引入开始的。

1752 年，以本杰明·富兰克林（Benjamin Franklin）为代表的科学家用风筝线将闪电引到了地表。在早期的计算设备中，电的应用主要有两大方面：一是提供动力，靠电动机代替人工驱动机器运行，这一应用在部分机械计算器中已经有了雏形；二是提供能力，一些电动器件执行运算，这一应用则开启了机电计算的时代。

1. 电动机

1820 年，丹麦的物理学家奥斯特在实验中发现通电导线会造成附近磁针的偏转，证明了电流的磁效应。第二年，英国物理学家法拉第想到，既然通电导线能带动磁针，那么如果固定磁铁，旋转的将是导线，于是解放人力的伟大发明之一——电动机便诞生了。图 3.1 所示为二人的肖像。

2. 电磁继电器

电磁学的价值在于阐明了电能和动能之间的转换，而从静到动的能量转换才是让机器自动运行的关键。19 世纪 30 年代，由美国人约瑟夫·亨利和英国人爱德华·戴维共同发明的继电器，就是电磁学的重要应用之一，二人分别在电报和电话领域发挥过重要作用。图 3.2 所示为二人的肖像。

图 3.1　奥斯特和法拉第的肖像 [①]

图 3.2　约瑟夫·亨利和爱德华·戴维的肖像 [②]

图 3.3 所示为电磁继电器的结构，其主要部件如下。

- 电磁铁：在线圈通电时可产生电磁效应。
- 衔铁：可上下摆动的导电体。
- 弹簧：默认状态下将衔铁拉离电磁铁。

---

① 图片来自维基百科。

② 图片来自维基百科。

- 动触点：衔铁末端引起电路通断的金属小块，因可随衔铁上下摆动而得名。
- 静触点：固定在动触点上下两侧的金属小块，分为常闭触点和常开触点。默认状态下，上侧静触点与动触点接触，故称为常闭触点；下侧静触点与动触点分离，故称为常开触点。当线圈通电时，电磁铁产生的电磁效应将衔铁向下吸引，动触点转而与常开触点接触，与常闭触点分离。更简易的电磁继电器可以只有常闭触点或只有常开触点，用于控制单个电路的通断。

两个静触点（上侧静触点和下侧静触点）可分别与衔铁和动触点组成不同的工作电路，如图 3.4 所示。动触点的上下摆动控制着两个工作电路的一通一断，线圈两端连接一个低电压的电源构成控制电路。控制电路的通断决定着工作电路的通断，这便是电磁继电器的主要功能—弱电控制强电。

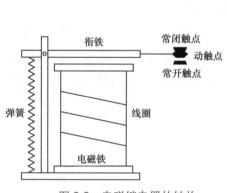

图 3.3 电磁继电器的结构

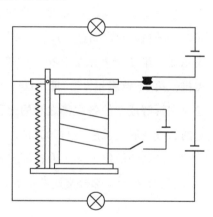

图 3.4 电磁继电器的工作电路图

在机电时期，电磁继电器还发挥着一项作用——将电能转换为动能。衔铁在磁场和弹簧的作用下进行往返运动，可以驱动特定的纯机械装置完成计算任务。

3.1.2 从哲学中诞生的计算理论

1. 二进制

二进制源自哲学，自然中的万物两两相对，如白天与黑夜，太阳和月亮，苍天与大地，男性和女性，寒冷与炎热……

在很久以前，世界各地的国家或地区也都或多或少意识到了二进制的意义，只是仅局限于了解哲学道理，一直没有用到数学中去。

17—18 世纪，数学上的二进制才由莱布尼茨首次提出。莱布尼茨是一位伟大的哲学家，至简的理念始终贯穿在他的哲学和数学研究中。他认为，任何数字都可以在 0 和 1 的基础上产生。他对中国的哲学文化有着十分浓厚的兴趣，当他了解到《易经》时，不禁感叹其中充满智慧的知识和他的二进制理论竟如此相仿 [①]。

那么，"逢 2 进 1" 的二进制如何表示数字呢？对于一个十进制数，从最右侧的个位开始，越往高位，数位上的数字所代表的值越大。如 1024 中，个位上的 4 代表 4，十位上的 2 代表 20，千位上的 1 则代表 1000，用数学语言表达就是：

$$1024=1\times10^3+0\times10^2+2\times10^1+4\times10^0$$

总而言之，从右往左数，第 n 位上的数字所代表的值是该数字与 10^{n-1} 的乘积。二进制数也遵循这一规则。对于一个全是 1 的二进制数，从右往左，第 1 位表示 2^0，第 2 位表示 2^1，第 3 位表示 2^2，第 4 位表示 2^3，第 5 位表示 2^4，依次类推，第 11 位表示 2^{10}，即 1024。因此，十进制数转换为二进制形式的过程就是将它拆解成 2 的各次幂之和的过程，比如，999=512+256+128+64+32+4+2+1，它的二进制形式就是 1111100111。

二进制中的位（bit）取自词组 binary digit。

表 3.1 罗列了部分常用的二进制数。

表 3.1　部分常用二进制数示例

十进制数	二进制形式	补零后的二进制形式
0	0	0000
1	1	0001
2	10	0010
3	11	0011
4	100	0100

[①] 关于莱布尼茨是独立发明的二进制，还是受了《易经》启发的争论由来已久。事实上，二进制在很多文化中都早已出现，很多先人对它进行过思考和探讨，二进制是人类文明发展到一定程度的必然结果，只是需要某个人把它系统地整理出来而已，而莱布尼茨就是这个人。

续表

十进制数	二进制形式	补零后的二进制形式
5	101	0101
6	110	0110
7	111	0111
8	1000	1000
9	1001	1001
16	1 0000	0001 0000
32	10 0000	0010 0000
64	100 0000	0100 0000
128	1000 0000	1000 0000
256	1 0000 0000	0001 0000 0000
512	10 0000 0000	0010 0000 0000
1024	100 0000 0000	0100 0000 0000

莱布尼茨还设想过一种可以进行二进制加法的机械计算器，这种机器需要有一排可以开闭的洞口，洞口打开表示 1，洞口关闭表示 0，往洞中扔小弹珠进行加法运算，每个洞中最多只能存放 1 颗弹珠，每满 2 颗，它们就会一起从机器中滚出来，洞口关闭，高一位的洞口则打开。

2. 布尔代数

莱布尼茨坚信，人类的思想和数字一样可以化繁为简——所有思想都可以分解为数量不多的简单思想。这些简单思想通过一些既定规律可以组成任意的复杂思想，就像数学运算一样。当两个人发生了争执，他们可以把自己的观点通过数学计算的方式梳理出来，谁对谁错就一目了然了。

为了"计算"思想，莱布尼茨阐述了后来称为合取（conjunction）、析取（disjunction）、否定（negation）等逻辑运算规则，成为数理逻辑（mathematical logic）最早的探索者之一。

但逻辑运算在数学上的系统性定义，是 19 世纪由英国数学家乔治·布尔首次提出的，其肖像如图 3.5 所示。布尔分别在 1847 年和 1854 年发表了著名的《逻辑的数学分析》和《思维规律的研究》，将数学中的代数方法引入逻辑学中，被后人称为布尔代数（boolean algebra），逻辑运算因而也叫布尔运算。

下面通过一个例子简单介绍逻辑运算，假设有 X、Y 两个命题。

- X：乔治·布尔发明了二进制。
- Y：乔治·布尔创立了布尔代数。

显然，X 命题是错的，Y 命题是对的。在逻辑学中称 X 命题为假，Y 命题为真。如果用连词将 X、Y 两句话连起来说呢？

图 3.5　乔治·布尔的肖像[1]

例如，乔治·布尔发明了二进制且创立了布尔代数。这句话是错的，即 "X 且 Y" 的组合命题为假。

再例如，乔治·布尔发明了二进制或创立了布尔代数。这句话是对的，即 "X 或 Y" 的组合命题为真。

这就是逻辑学中的合取与析取，也称逻辑 "与" 和逻辑 "或"。

当然，也有对单个命题的逻辑运算，例如，乔治·布尔没有发明二进制。这句话是对的，即 "非 X" 为真。

这就是逻辑学中的否定，也称逻辑 "非"。

"与""或""非" 是 3 种基本的逻辑运算。将它们组合起来，还可以形成 "与非""或非""异或""同或" 等复杂逻辑运算。历史上，布尔和许多其他逻辑学家曾使用过各种符号来表示它们。表 3.2 列出了常用逻辑运算的表达形式。

表 3.2　常见逻辑运算的表达形式

逻辑运算	与	或	非	与非	或非	异或	同或
英文缩写	AND	OR	NOT	NAND	NOR	XOR	XNOR
表达式	$X \cdot Y$	$X + Y$	$\overline{X}$	$\overline{X \cdot Y}$	$\overline{X + Y}$	$X \oplus Y$	$X \odot Y$

其中，"异或" 和 "同或" 的展开式分别如下。

$$X \oplus Y = X \cdot \overline{Y} + \overline{X} \cdot Y$$
$$X \odot Y = X \cdot Y + \overline{X} \cdot \overline{Y}$$

而逻辑命题的真假像极了二进制中的 1 和 0，布尔代数选择用 1 表示真，用 0 表示假。

---

[1] 图片来自维基百科。

经过简单的逻辑推演，我们就能得到常见逻辑运算的结果，如表 3.3 所示。

表 3.3　常见逻辑运算的结果

X	Y	与	或	非 X	与非	或非	异或	同或
0	0	0	0	1	1	1	0	1
0	1	0	1	1	1	0	1	0
1	0	0	1	0	1	0	1	0
1	1	1	1	0	0	0	0	1

对于逻辑"与"，下式成立。

$$\begin{cases} 0 \cdot 0 = 0 \\ 0 \cdot 1 = 0 \\ 1 \cdot 1 = 1 \end{cases}$$

逻辑"或"，下式成立。

$$\begin{cases} 0 + 0 = 0 \\ 0 + 1 = 1 \\ 1 + 1 = 1 \end{cases}$$

不难发现，除了有点违反直觉的 $1+1=1$，逻辑运算和二进制运算有着极高的一致性。

更巧合的是，逻辑运算和数学运算一样满足交换律、结合律和分配律等各种运算规则。

$$X \cdot Y = Y \cdot X$$
$$X + Y = Y + X$$
$$X \cdot (Y \cdot Z) = (X \cdot Y) \cdot Z$$
$$X + (Y + Z) = (X + Y) + Z$$
$$(X + Y) \cdot Z = X \cdot Z + Y \cdot Z$$

3. 数字电路

20 世纪，随着继电器电路的发展，许多科学家开始将二进制、布尔代数和电路联系到一起，最终，由美国一位名为香农（Shannon）的数学家做出了完整阐释，其肖像如图 3.6 所示。1938 年，就读于麻省理工学院的香农发表了

图 3.6　香农的肖像[1]

———————————

① 图片来自维基百科。

著名的硕士论文"继电器与开关电路的符号分析",这奠定了数字电路的理论基础。

开关电路就是有接通和断开两种状态的电路,继电器电路就是一种典型的开关电路。我们用 X、Y 等字母表示开关电路(如图 3.7(a)所示),将两者串联就可以表示 $X \cdot Y$(如图 3.7(b)所示),将两者并联就可以表示 $X + Y$(如图 3.7(c)所示)。

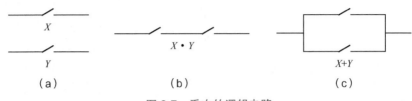

图 3.7 香农的逻辑电路

那么 $\overline{X}$ 如何实现呢?在有两个静触点的电磁继电器中,如果 X 表示常闭触点所在的工作电路,$\overline{X}$ 便是常开触点所在的工作电路,两者的通断永远互斥。

有了"与""或""非" 3 种基础逻辑电路,"异或"等复杂逻辑电路就不难搭建了。

如此一来,电路就彻底数字化了,原本物理的连接可以用数学来表示,即用数字电路。香农认为,基于布尔代数,再复杂的电路都可以用表达式条理清晰地设计出来,更重要的是可以等效化简。香农的研究成为后来二进制机电计算机和电子计算机的强大理论支柱。

4. 逻辑门

逻辑电路发展成熟后,工程师们更多地把它们作为一种电路中的元器件(而不是电路本身)使用。他们不关心这些元器件的内部实现,更关注当代表 0 或 1 的信号从它们的输入端进去后,从输出端出来的是 0 还是 1。这种通过逻辑电路实现二进制信号转换的元器件称为逻辑门(logic gate)。门的概念很形象,二进制数据能从门通过,也可能被门挡住,庞杂的计算机电路正是靠着一扇扇这样的门组合而成的。图 3.8 所示为逻

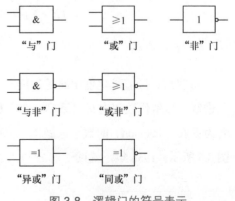

图 3.8 逻辑门的符号表示

辑门的符号，统一的矩形表示更有利于绘制复杂的集成电路，信号从矩形左侧进入，从矩形右侧输出。

5. 组合逻辑电路

逻辑门像一块块标准化的积木，人们可以用这些积木灵活地搭建出实现各种功能的组合逻辑电路。举一个最简单的例子——二进制加法器。要实现两个二进制数的相加，就要实现单个数位的两两相加。用 A 和 B 表示两个二进制数某一位上的值，C_{in} 表示来自低位的进位值，S 和 C_{out} 表示 $A+B+C_{in}$ 之后该位的值和向高位产生的进位值。单位数的二进进制加法如表 3.4 所示。

表 3.4　单位数的二进制加法

A	B	C_{in}	S	C_{out}
0	0	0	0	0
0	0	1	1	0
0	1	0	1	0
0	1	1	0	1
1	0	0	1	0
1	0	1	0	1
1	1	0	0	1
1	1	1	1	1

用两个"异或"门和 3 个"与非"门即可实现单位数的二进制加法逻辑电路，如图 3.9 所示。有兴趣的读者可以取几组值验证一下。二进制数有多少位，就需要多少个图中的逻辑电路，相邻数位的低位 C_{out} 与高位 C_{in} 相连，最低位的 C_{in} 永远为 0。

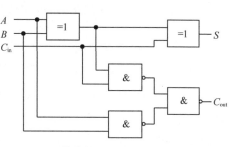

图 3.9　单位数的二进制加法逻辑电路

减法以及其他更复杂的运算，乃至控制逻辑也可以使用逻辑电路实现。

最重要的是，开关电路仅是逻辑电路的实现途径之一。其实任何材料所组成的基础元件只要能表达出两种状态、能在两种状态之间切换，并能将状态传递给其他基础元件，就都可以用来实现逻辑电路以及逻辑门。这种基础元件的等效性是可以用不同材料来建造计算机的本质原因。在本章中，我们甚至会见到纯机械的逻辑门，那是建筑二进制计算机的第一批"积木"，它们尚与电路和电子无关，而是由钢铁制成的。

3.2　制表机：穿孔时代的到来

从 1790 年开始，美国每 10 年进行一次人口普查。百年间，随着人口繁衍和移民的增多，从 1790 年的 400 万不到，到 1880 年的 5000 多万，人口总数呈爆炸式地增长，如图 3.10 所示。

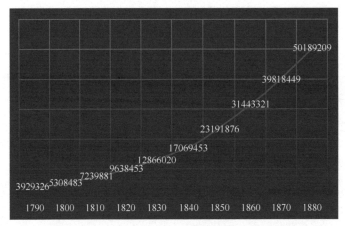

图 3.10　1790—1880 年美国的人口增长曲线

那时不像如今互联网时代，人一出生，各种信息就已经电子化登记好了，甚至还能进行数据挖掘。在那个计算设备简陋得基本只能靠手摇进行四则运算的 19 世纪，千万级的人口统计已经成了当时美国政府的"不能承受之重"。1880 年开始的第 10 次人口普查，历时 8 年才最终完成。也就是说，他们在休息两年之后就要开始第 11 次普查了。而这一次普查，需要的时间恐怕要超过 10 年，那第 12 次、第 13 次普查呢？对于 10 年一次的人口统计，如果每次耗时都在 10 年以上，这件事情就变得没有意义了。

这可愁坏了当时的人口调查办公室，他们决定面向全社会招标，寻求能减轻手工劳动、提高统计效率的发明。正所谓机会都是给有准备的人的，一位毕业于哥伦比亚大学的年轻人赫尔曼·霍尔瑞斯带着他在 1884 年申请的专利从众多竞争者中脱颖而出，其肖像如图 3.11 所示。

3.2.1 制表机

霍尔瑞斯发明的机器叫制表机（tabulator/tabulating machine），顾名思义，它就是专门用来制作数据统计表的机器。制表机主要由示数装置、穿孔机、读卡装置和分类箱组成，如图 3.12 所示。

图 3.11 赫尔曼·霍尔瑞斯的肖像[1]

示数装置包含 4 行、10 列，共 40 个示数表盘。每个盘面被均匀地分成 100 格，并装有两根指针。和钟表十分相像，"分针"转一圈计 100，"时针"转一圈则计 10 000。整个示数装置可以表示很庞大的数据量。

图 3.12 制表机[2]

制表机的工作是围绕穿孔卡片展开的：操作员先使用穿孔机制作穿孔卡片，再使用读卡装置识别卡片上的信息，机器自动完成统计并在示数表盘上实时显示结果，最后将卡片投入分类箱的某一格中进行分类存放，以供下次统计使用。

---

① 图片来自维基百科。

② 图片来自百度百科。

1. 穿孔卡片的应用

此前的某一天，霍尔瑞斯正在火车站排队检票，目光不经意落到检票员手中的打孔机上。他发现，检票员会根据乘客的性别和年龄段，特意在车票的不同地方打孔。随着观察越来越多的人过检，他进一步确认了这个规律。一个灵感朝他袭来：如果有一张更大的卡，上面有更多的位置可以打孔，就可以用它来表示更多的身份信息，包括国籍、性别、生日等。

这就是用在 1890 年人口普查中的穿孔卡片，一张卡片记录一个居民的信息，如图 3.13 所示。卡片长约 18.73cm，宽约 8.26cm，正好是当时一张美元的尺寸，因为霍尔瑞斯直接用美国财政部装钱的盒子来装卡片。

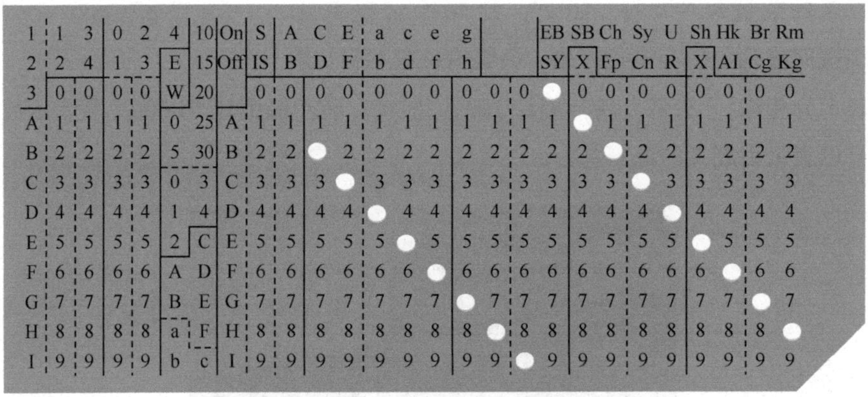

图 3.13　霍尔瑞斯的穿孔卡片[①]

卡片设有 300 多个孔位，与雅卡尔和巴贝奇的做法一样，靠每个孔位打孔与否来表示信息。尽管这种形式颇有几分二进制的意味，但当时的设计还远不够成熟，并没有用到真正的二进制。例如，现在一般用 1 位数据就可以表示性别，如 1 表示男性，0 表示女性，而霍尔瑞斯在卡片上用了两个孔位，表示男性就在其中一处打孔，表示女性就在另一处打孔。表示日期的孔位就多了，12 个月需要 12 个孔位，而常规的二进制编码只需要 4 位。当然，这样的局限也与制表机中简单的电路实现有关。

细心的读者可能发现卡片的右下角被切掉了，那不是残缺，而是为了避免卡片放反而专门设计的。

---

① 图片来自维基百科。

这类细节设计在穿孔机上表现得更明显。图 3.14 所示为一位操作员正在使用穿孔机给卡片打孔的情景，她并不需要在卡片上吃力地搜寻孔位，而直接对着孔距更大的操作面板打孔，一根杠杆将两者的孔位一一对应。操作面板还做成了弧形，颇有几分现代人体工程学键盘的风采。

图 3.14　穿孔机使用场景 [①]

在制表机前，穿孔卡片（或纸带）多用于存储指令而不是数据。比较有代表性的有两个，一是雅卡尔提花机，用穿孔卡片控制经线提沉；二是自动钢琴，用穿孔纸带控制琴键压放。

霍尔瑞斯将穿孔卡片作为数据存储介质推广开来，并开启了一个崭新的数据处理纪元。后来人们也把这类卡片称为霍尔瑞斯卡片，在计算领域，在 100 年左右的时间里，人们将穿孔卡片和穿孔纸带作为输入和输出载体。

2. 统计原理

打好了孔，下一步就是统计卡片上的信息。读卡装置的组成如图 3.15 所示，其外形和使用方式有点类似于现在的重型订书机，将卡片置于压板和底座之间，按压手柄就可完成对这张卡片的信息读取。

其原理为通过电路通断识别卡上的信息。底座中内嵌着诸多管状容器，位置与卡片孔位一一对应，容器里盛有水银，水银与导线相连。底座上方的压板中嵌着诸多金属针，同样与孔位一一对应，金属针的上部抵着弹簧，可以伸缩，压板的上下面由导电材料制成。这样，当把卡片放在底座上按下压板时，在卡片上有

---

① 图片来自维基百科。

孔的地方，金属针可以通过，与水银接触，电路接通；在没孔的地方，金属针就被挡住电路无法接通。

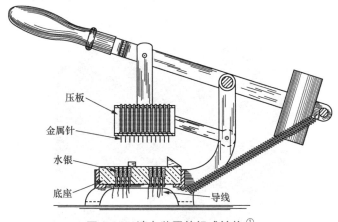

压板

金属针

水银

底座

导线

图 3.15　读卡装置的组成结构 [①]

这一基本原理与雅卡尔提花机类似，不难理解。重要的是，如何将电路通断对应到所需要的统计信息呢？霍尔瑞斯在专利中给出了一个简单的例子，如图 3.16 所示。这是涉及性别、国籍和人种 3 项信息的统计电路图，虚线为控制电路，实线为工作电路。

图 3.16 顶部有 7 根金属针，从左至右分别表示 G（类似于总开关）、Female（女）、Male（男）、Foreign（外国籍）、Native（本国籍）、Colored（有色人种）、White（白种人）。

工作电路中分散着标记为 $m^1 \sim m^{10}$ 的电磁继电器。

图底从右至左是标记为 M^1、M^2、M^3、M^4、M^5 和 M^6 的 6 组电磁铁，对应的统计信息如表 3.5 所示。

表 3.5　6 组电磁铁的统计含义 [②]

	Female	**Male**	**Foreign**	**Native**	**Colored**	**White**	描述
M^1		○		○		○	本国白种男性
M^2	○			○		○	本国白种女性

---

① 图片来自美国专利 395781。

② 为贴合穿孔的形象，作者特意使用圆圈进行标记。

续表

	Female	Male	Foreign	Native	Colored	White	描述
M^3		○	○			○	外国白种男性
M^4	○		○			○	外国白种女性
M^5		○			○		有色人种男性
M^6	○				○		有色人种女性

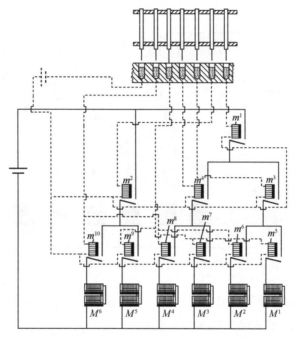

图 3.16　制表机信息统计电路图示例 [1]

以 M^1 为例，如果表示 Native、White 和 Male 的金属针同时与水银接触，接通的控制电路如图 3.17 所示。

这一示例首先展示了金属针 G 的作用，它控制所有控制电路的通断。

在卡片上留出一个专供金属针 G 通过的孔，以防因为卡片没有放正而统计到错误的信息。

令金属针 G 比其他金属针短，或者金属针 G 下的水银比其他容器里的要少，从而确保其他金属针都已经接触到水银之后，金属针 G 才最终将整个电路接通。

①　图片来自美国专利 395781。

电路通断的瞬间容易产生火花，这样的设计可以将此类元器件的损耗集中在金属针 G 身上，便于后期维护。

不得不感慨，这些发明家的设计真的特别实用、细致。

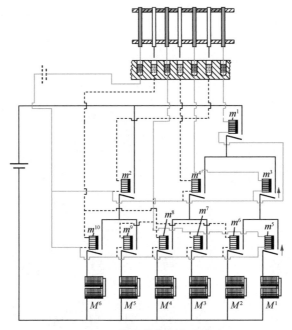

图 3.17 接通的控制电路通路

控制电路的接通促使图 3.17 中的 3 个电磁继电器 m^1、m^3 和 m^5 闭合，进而接通 M^1 所在的工作电路，如图 3.18 所示。

最终，通电的 M^1 将产生磁场，牵引相关杠杆，拨动齿轮完成计数，最终表现为示数表盘上指针的旋转。虽然霍尔瑞斯的专利中没有给出这一计数装置的具体结构，但从 17 世纪开始，机械计算器中的齿轮传动技术已经发展到足够成熟的水平，霍尔瑞斯无须重新设计，完全可以使用现成的装置。

电磁铁不单控制着计数装置，还控制着分类箱（见图 3.19）中盖子的开合。将分类箱上的电磁铁接入工作电路，每次完成计数的同时，对应格子的盖子会在电磁铁的作用下自动打开，熟练的操作员甚至不用转头去看，就可以将卡片投到正确的格子里，由此完成卡片的快速分类。

每次工作的最后一步就是将示数表盘上的结果誊抄下来，再将其置零。

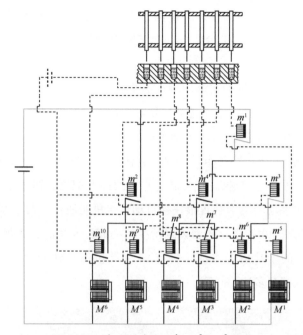

图 3.18 电磁继电器 m^1、m^3、m^5 闭合

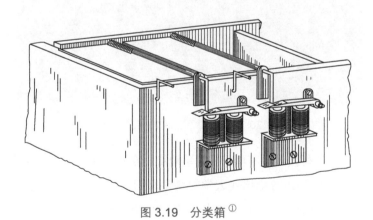

图 3.19 分类箱[1]

3.2.2 单元记录时代

在制表机的高效运转下，1890 年的人口普查只用了 6 年时间。1896 年，霍尔瑞斯成立制表机公司并不断改进自己的产品，先后与英国、意大利、德

---

[1] 图片来自美国专利 395781。

国、俄罗斯、澳大利亚、加拿大、法国、挪威、古巴、菲律宾等多个国家和地
区合作开展了人口普查。到 1914 年，制表机公司每天生产的穿孔卡片多达 200
万张。

不久后，一些竞争对手逐渐出现，历史迎来了繁荣的数据处理时代。它们
的产品也不再局限于人口普查，逐渐应用到会计、库存管理等一些同样需要与大
数据打交道的领域，这些机器作为制表机的"后裔"统称为单元记录设备（unit
record equipment）。围绕穿孔卡片的制卡、读卡、数据处理和卡片分类是它们的
标准功能，穿孔机、读卡器、分类器是它们的标准配置。这些部件的自动化程
度越来越高，如手动的读卡装置很快被自动读卡机所取代，读卡速度从每分 100
张逐步提高至每分 2000 张。随着识别精度的提高，卡片的孔距越来越小，具有
80 ～ 90 列孔位的卡片成为主流（具有 80 列孔位的穿孔卡片如图 3.20 所示），
有些卡片的孔位甚至多达 130 列。

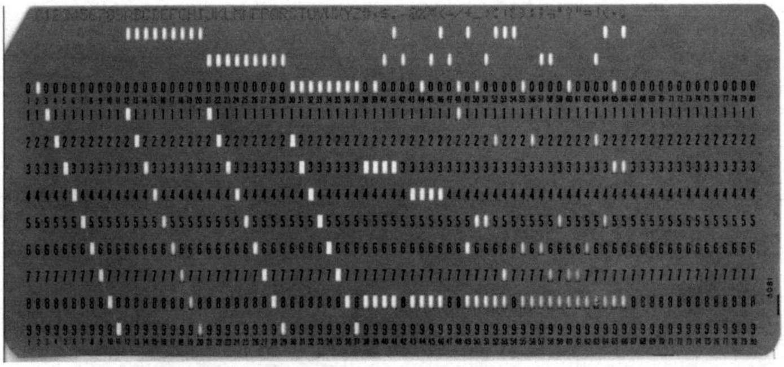

图 3.20　具有 80 列孔位的穿孔卡片 [1]

机器的功能逐渐强大，不再只是简单地统计穿孔数目，减法、乘法等运算能
力陆续登场。1928 年，哥伦比亚大学的科学家们甚至用单元记录设备来计算月
球的运行轨迹，他们在 50 万张卡片上打了 2000 万个孔，这也体现出了单元记录
设备的强大实力。

机器的电路实现变得越来越复杂，但同时通用性越来越强。1890 年所用的
那台制表机的线路是固定的，遇到新的统计任务，改造起来十分麻烦。1906 年，
霍尔瑞斯便引入了接插线板（plugboard）——一块布满导电孔的板卡，可通过改
变导线在板上的位置改变线路逻辑，如图 3.21 所示。试想一下，接插线板的内

---

[1] 图片来自维基百科。

部已经布好了具有各种功能的线路，但它们都处于断开状态，各自连接着接插线板上的某两个孔位，像一窝嗷嗷待哺的小鸟张大着嘴巴，外部的导线就像美味的虫子。当虫子的头尾分别与小鸟的"上喙"和"下喙"接触时，线路就被接通，这只"小鸟"就开始工作了。如此，人们就可以激活不同的"小鸟"，从而完成不同的任务。

1911 年，制表机公司与另外 3 家公司合并，成立 CTR 公司（Computing-Tabulating-Recording Company），制表机公司作为其子公司继续运营到 1933 年。1924 年，CTR 更名为国际商业机器公司（International Business Machines Corporation），就是现在大名鼎鼎的 IBM 公司。可见，在如今许多的信息技术公司中，拥有百年历史的 IBM 公司是当之无愧的"前辈"，它完整地参与和见证了现代计算机的发展史。IBM 公司维持了制表机公司在单元记录市场的龙头地位，到 1955 年，它每天生产的穿孔卡片多达 7250 万张。

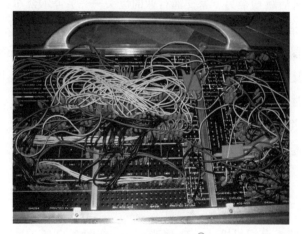

图 3.21   接插线板 [①]

1937 年开始，单元记录设备逐步电子化，与电子计算机的界线渐渐模糊，并最终为后者让路。随着 1976 年 IBM 一款最核心的单元记录产品的停产，短暂的单元记录时代宣告谢幕。它仿佛是电子计算时代来临前的预演和铺垫，许多设计（如穿孔卡片和接插线板）被沿用了下来。

有趣的是，即使电子计算机逐渐普及，许多机构由于用惯了单元记录设备而迟迟不愿更换，少数机构甚至一直用到了 21 世纪。

---

① 图片来自维基百科。

3.3　祖思机：二进制的华丽首秀

巴贝奇领先全人类一个世纪提出了可编程机械计算机的设想，但最终没能将其转换为现实。多年以后，人们在德国见证了第一台可编程计算机的诞生。

它的发明者——康拉德·祖思虽不为人所熟知，却是名副其实的计算机先驱，其肖像如图 3.22 所示。

祖思出生于柏林，从小聪慧过人，长大后进入柏林工业大学，学习工程学和建筑学，不久后又转读土木工程。1935 年毕业后，他在福特汽车

图 3.22　康拉德·祖思的肖像[①]

公司工作，不久后跳槽至另一家交通行业的巨头——亨舍尔公司。亨舍尔公司从 1933 年开始建造军用飞机，祖思负责飞机在飞行过程中的受力分析，要解各种各样的微分方程。这份在外人眼中的高智商工作在祖思看来却无异于体力劳动，他被大量的重复运算损耗着精力，无暇顾及更有价值的创造性设计。尽管办公桌上配有一台当时较先进的手摇计算器，但他仍然觉得很不方便。

1936 年，祖思辞职回家，决定建造一台更便捷的计算机器。他的父母十分开明，把整个客厅腾出来作为他的工作室。

3.3.1　Z1

1938 年，第一台祖思机——Z1 建造完成，如图 3.23 所示。这是一台纯机械的机器，由许多的金属片和金属杆组成，靠电动机驱动。Z1 尚未投入实际使用，就连同图纸毁于 1944 年 1 月 30 日的一场空袭。

1987—1989 年，在西门子公司的资助下，祖思在欣费尔德的家中重建了 Z1。后来，将其移交给柏林德国技术博物馆时，工作人员为了顺利起吊这组重达 1t 的精密机器，把祖思家里的墙面都拆除了一部分。图 3.24 所示为德国技术博物馆的 Z1 复制品，后人对 Z1 的了解基本来自这台复制品。

---

① 图片来自维基百科。

图 3.23 Z1 的珍贵照片 [1]

图 3.24 德国技术博物馆的 Z1 复制品 [2]

1. 工作原理

与以往靠齿轮实现计算的机械设备大不相同，Z1 采用了二进制。从机身侧视（如图 3.25 所示），人们可以看到，下层一列列整齐排列的金属杆支撑着上层整齐排列的金属片，像极了建筑工地上正在打地基的楼房框架。

---

① 图片来自网络。

② 图片来自维基百科。

图 3.25 Z1 复制品的侧视照 [1]

它们是如何相互作用完成二进制计算的呢? 靠的是金属片和金属杆在水平面内 4 个方向(前后左右)的移动。图 3.26 所示为基础零件的工作原理,为便于说明,在其中附加了直角坐标系,所有平移都可描述为沿 x 轴或 y 轴正负方向的移动。金属杆穿过金属片 A、B、C 上的孔洞,将它们的平移关联起来,其中 A 和 B 在电动机的动力下进行平移,进而带动 C 和金属杆平移。

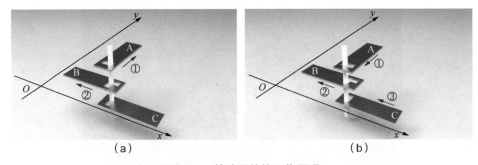

图 3.26 基础零件的工作原理

金属片 A 可沿 y 轴正负方向平移,正向平移之后的位置表示 0 (如图 3.26(a)所示),负向平移之后的位置表示 1 (如图 3.26(b)所示)。金属片 A 在移动的同时会带动金属杆沿着 y 轴方向平移,加上金属片 B 上的孔洞是"L"形的,金属杆在金属片 A 的带动下,会在金属片 B 上 y 轴方向的孔洞段内移动。

图 3.26(a)中,金属片 A 处于位置 0,金属杆位于金属片 B 孔洞的折角处,此时金属片 B 沿 x 轴负方向移动,将无法带动金属杆,C 不移动。

图 3.26(b)中,金属片 A 处于位置 1,金属杆位于金属片 B 孔洞的顶端,此时金属片 B 沿 x 轴负方向移动,将带动金属杆沿 x 轴负方向移动,金属片 C 在金属杆的带动下也沿 x 轴负方向移动。

---

[1] 图片来自网络。

在这一过程中，金属片 A 便将自己的二进制状态传递给了金属片 C。基于这一基本结构，祖思成功地实现了机械式逻辑门。

2. 组成结构及二进制存储原理

Z1 在组成上已初具现代计算机的特点，主要包括控制器、存储器、运算器、输入设备（穿孔带读取器和十进制输入面板）和输出设备（十进制输出面板）五大部分，如图 3.27 所示。

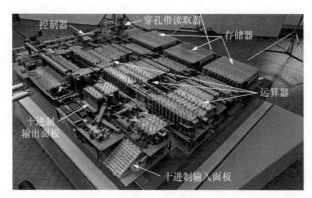

图 3.27　Z1[①]

和制表机一样，Z1 也用到了穿孔技术，不过不是穿孔卡片，而是穿孔带，由废旧的 35mm 电影胶卷制成。图 3.28 所示为 Z1 复制品中的穿孔机和穿孔带读取器。

图 3.28　Z1 复制品中的穿孔机和穿孔带读取器[②]

---

① 图片来自网络。

② 图片来自网络。

　　穿孔带上只存储指令，数据通过输入面板置入。穿孔带上一行有 8 个孔位，指令编码有 8 位，前 2 位表示存储器的读写指令，后 6 位表示存储地址；或者仅用前 3 位表示四则运算和数据的输入 / 输出指令。因此，穿孔带共支持读取存储器、写入存储器、加法运算、减法运算、乘法运算、除法运算、数据输入和数据输出 8 种指令。

　　因为使用后 6 位来表示存储地址，所以 Z1 的存储器一共可以存放 2^6（即 64）条数据。那么，每条数据是如何以二进制的形式存储的呢？先从十进制进行切入。

　　在 Z1 之前，大部分计算工具或设备采用十进制来表示数据，且通常在原理上只考虑了整数的运算，在计算小数时需要人为地确定小数点的位置。部分机器提供了可临时标识小数点的滑块或按键（如奥德纳的销轮计算器、菲尔特的按键式计算器等），也仅方便使用者辨认而已。例如，要用某台支持 6 位数的设备计算加法 1024+20.48，使用者需将小数点定在从左至右第 4 个数位的后面，置数时分别置入 102400 和 002048，如图 3.29 所示。

　　小数点的本质作用是对两个不同精度的数进行对齐和前后补零。

　　这种在计算前定好小数点位置的做法在计算机术语中称为数据的定点数（fixed-point number）表示法。这种做法虽然简单，但限制了可表示的数据范围，如上面这台 6 位数的机器就连 1024+2.048 都无法计算。于是就有了浮点数（floating-point number）表示法。

　　任何一个实数都可以用科学记数法写成 $a \times 10^n$ 的形式。1024 可以写成 1024×10^0，也可以写成 1.024×10^3。为了对齐小数点，规定所有数据都写成后一种形式（小数点前只有 1 位数），于是 20.48 就应写成 2.048×10^1。这种形式就是数的规格化表示。如此，对于机器而言，它需要存储的是乘号前面的数值和 10 的指数值（也称阶码），如图 3.30 所示（图中用粗体表示阶码）。

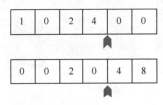

图 3.29　定点数表示法的示例

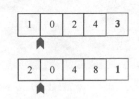

图 3.30　浮点数表示法的示例

相对于定点数，浮点数所需的存储空间更少。再举一个更明显的例子，如 1024+0.000 000 002 048，这一在 6 位数定点机器中根本无法计算的"难题"却因 0.000 000 002 048 可规格化为 2.048×10^{-9}，在浮点机器面前可谓"小菜一碟"。

阶码的本质是小数点在规格化过程中浮动的位数。若小数点往左浮动，阶码就是正数；若往右浮动，阶码就是负数。浮点数由此得名。

二进制数也是如此，如 1024 用二进制可表示为 100 0000 0000，规格化表示为 1×2^{10}（小数点左浮 10 位）。同时，我们把阶码也写成二进制的形式，即 1×2^{1010}。

进一步以一个随机的二进制数 100111011 为例，它的规格化表示为 $1.001\ 110\ 11 \times 2^{1000}$（小数点左浮 8 位）。二进制数在规格化后，小数点前总是 1，为了节约空间，这一位不予存储，只需要存储小数点后的尾数和阶码即可。

祖思为尾数分配了 16 位的存储空间，为指数分配了 7 位，并留出 1 位用于表示数的正负（符号位）。因此，Z1 的字长为 24 位。$1.001\ 110\ 11 \times 2^{1000}$ 在 Z1 中的存储格式如图 3.31 所示。

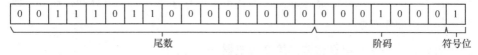

图 3.31　$1.001\ 110\ 11 \times 2^{1000}$ 在 Z1 中的存储格式

由图 3.31 可知，存储器由 3 个彼此相同的金属片阵列组成，单个字的 24 位被拆成 3 段。左侧的存储器阵列负责存储所有数据的阶码和符号位，另外两个阵列负责存储所有数据的尾数。每个阵列由 8 层金属片堆叠而成，每一层可存放 8 个数据段。

3. 综合评价

Z1 是世界上第一台二进制可编程计算机，其设计是极富开创性的，其中许多理念被现代计算机所沿用。这些理念如下。

- 将数据存储和指令处理分开，这正是现代计算机的做法。
- 引入了实现二进制计算的基本要素——逻辑门，奠定了二进制计算的基调。
- 二进制数的规格化表示简洁而优雅，如今已被纳入 IEEE 标准。
- 有了机器时钟的概念，电动机每转 1 圈，负责驱动的金属片沿 4 个方向平移 1 圈，最终回到原位。加法运算最简单，耗时 1 个机器周期；乘法运算最复杂，耗时 20 个机器周期。以完成加法的 1 个机器周期为例，4

次平移分别完成读数、计算部分和、计算进位和计算最终结果。原 Z1 的工作频率为 4Hz，即 1s 完成 4 个机器周期（电动机 1s 转 4 圈）；Z1 的复制品的工作频率仅有 1Hz，完成一次乘法运算需要 20s。

尽管祖思的设计看起来精致而优雅，但不论是 1938 年的 Z1，还是 1989 年的 Z1 的复制品都无法顺利运行，复制品甚至在揭幕仪式上就宕机了，祖思花了好几个月才将它修好。1995 年祖思去世之后，这台机器就再也没有运转过。

3.3.2　Z1 的后继者们

1. Z2

Z1 的不可靠很大程度上应归咎于机械材料的局限性。简单的机械运动一方面速度不快，另一方面无法灵活、可靠地传动。祖思早有采用电磁继电器的想法，无奈那时的继电器不仅价格昂贵，还体积大。Z1 之后，祖思灵机一动：Z1 中零件最多的其实是存储器部分，何不保留机械存储器，而把运算和控制部分改用电磁继电器实现呢？

带着这个想法，祖思建造了第 2 台机器——Z2。

Z2 于 1940 年建成，是一台半机械、半继电器的机电计算机，用了约 600 个电磁继电器。为了提高机械存储器的可靠性，祖思将字长缩减至 16 位，并使用了简单的定点数，但效果仍然不理想。

电磁继电器的引入和存储字长的缩减大大减轻了 Z2 的重量，Z2 总重约 300kg。Z2 的工作频率则提高到了 5Hz，计算一次加法仅需约 0.8s。

可惜的是，Z2 也毁于 Z1 遭遇的那场空袭。不过在它建成之时，祖思就及时向德国航空太空中心做了演示。他十分走运，这次演示是 Z2 次数不多的成功运转中的一次。德国航空太空中心看到了它的军用价值，当即决定资助这个项目，这才有了完全由电磁继电器构成的第 3 台祖思机——Z3。

2. Z3

Z3 和 Z1 的架构完全一致，只用 2000 多个电磁继电器替换了原本的机械部件。和使用十进制的制表机不同，具有开、合两种状态的电磁继电器在 Z3 的二进制处理中表现出了极高的"天赋"。没有了机械的先天缺陷，Z3 的可靠性有了质的飞跃，在 1941 年建成之后就开始投入使用，用于计算炸弹的空气动力学问题。

不过比起 Z1 和 Z2，Z3 的存活时间更短，摧毁它的空袭来得更早（1943 年 12 月 21 日）。

1961 年，祖思建造了 Z3 的复制品，藏于德意志博物馆，如图 3.32 所示。

存储器

显示面板

输入面板

穿孔机

运算器

穿孔带读取器

控制器

图 3.32　德意志博物馆的 Z3 复制品[1]

不同于 Z1 的复制品，Z3 的复制品和原 Z3 一样可靠，至今仍可正常工作。它以 5.3Hz 的频率工作，完成一次加法运算仅需 0.8s，完成一次乘法运算仅需 3s，然后通过指示灯显示结果。它不仅支持四则运算，还可以求平方根。

1997 年，来自德国的劳尔·罗雅斯教授证明了 Z3 的图灵完备性（Turing completeness）[2]。只不过 Z3 不支持循环和分支结构，需要人们手动将穿孔带的两头接在一起形成环来实现指令循环，通过数学上的等效来模拟条件分支。

3. Z4

其实，早在 1937 年，祖思就已经着手开展了真空电子管的研究。他的搭档赫尔穆特·施赖尔也在很早就提出了建造电子计算机的建议，但这个设想在当时看来简直是天方夜谭。了解真空管的可靠性的行家都清楚地知道，用成千上万个真空管组成的计算机根本不可能正常运行，就连祖思在一开始也不相信用真空管

---

[1] 图片来自维基百科。

[2] 图灵完备是计算机科学家艾伦·图灵提出的一种评价机器能力的概念。简单地讲，如果一台机器有能力解决所有可计算问题，那么这台机器就是图灵完备的。

能建造出计算机。在施赖尔的坚持下，他们向政府提出了将 Z3 全面电子化的建议，但政府没有意识到这件事的重大意义，而是在权衡利弊之后，认为机电计算机在当时已经够用了，进一步尝试真空管的意义不大。

于是，祖思的第 4 台机器——Z4 仍然是机电结构的。

Z4 是研制时间最长的机器。1945 年 2 月 3 日，一场轰炸摧毁了祖思的生产车间，祖思不得不将未完成的 Z4 从柏林紧急转移至哥廷根。直到 1949 年祖思才得以恢复 Z4 的研制工作。1950 年 7 月 12 日，苏黎世联邦理工学院买下了 Z4 用于数学和工程研究，Z4 成为历史上第 2 台商业计算机[①]，也是当时欧洲大陆唯一可供使用的计算机。

如今，Z4 藏于德国的一个博物馆里，如图 3.33 所示。它用了机械存储器，字长扩展到了 32 位，除四则运算和开平方之外，还具有求最大、最小值和计算正弦的功能。它弥补了 Z3 的缺陷，装备了两台穿孔带读取器以实现条件分支（一台读取主程序，一台读取子程序）[②]。它的输出更加多样化，既可以打印，也可以（在胶卷上）打孔。

图 3.33　博物馆中的 Z4[③]

Z4 以 40Hz 的频率工作，完成一次加法运算仅需 0.4s，平均每小时可完成约 1000 次浮点运算。

---

① 第一台商业计算机是 1949 年的电子计算机 BINAC。

② 原设计中，甚至计划配备 6 台穿孔带读取器。

③ 图片来自维基百科。

在 Z4 的建造过程中，祖思意识到直接使用二进制编程过于复杂，于是撰写了一篇论文，设计了历史上第一款高级编程语言 Plankalkül[①]，并精心编写了一个示例程序——历史上第一个自动下棋程序。Plankalkül 在一定程度上启发了后来算法语言（ALGOrithmic Language，ALGOL）的设计。

3.3.3 后话

1949 年 11 月 8 日，祖思成立了一家名为 Zuse KG 的公司，将 Z 系列产品持续发展至 Z43，在 1967 年被西门子公司收购之前，公司共生产了 251 台计算机。

祖思一生得到了许多荣誉，也成为世界计算机界公认的顶级人物。1984 年，柏林以他的名字专门设立了一个研究数学和计算机科学的科研机构——柏林祖思研究所。1987 年，德国信息学会设立最高奖项"康拉德·祖思奖"，用于每两年表彰一次国内杰出的计算机学家。

祖思身处的时代是计算机研制百花齐放的时代，在那短短几十年里，太多计算机先驱在史册上留下了自己的名字。和同时期的其他先驱相比，祖思最了不起的地方是他几乎凭借一己之力发明了现代计算机。

祖思是幸运的，他拥有开明的父母、支持他的朋友。他的晚年功成名就，还有足够多的时间钻研自己的爱好——绘画。

祖思也是不幸的，他早年的几乎所有成就都没能引起应有的反响，德国也因此失去了可以占领计算机领域的先机。

3.4 贝尔机：编码的魅力

当祖思凭一己之力开启德国现代计算机的历史时，大西洋彼岸的美国的相关专家们也毫不示弱地完成了本土的设备升级。和前者的孤军奋战不同，后者的主体是 20 世纪著名的贝尔实验室。

众所周知，贝尔实验室及其所属公司是做电话起家、以通信为主要业务的，那为什么会涉足计算机领域呢？其实计算机与它们的老本行毫无关系。最早的电

---

① Plankalkül 在德语中是"Plan Calculus"（计划计算）的意思。

话系统是靠模拟量传输信号的，信号随距离的增大而衰减，长距离通话需要用到滤波器与放大器以保证信号的纯度和强度，设计这两样设备时需要处理信号的振幅和相位，工程师们用复数表示它们。两个信号的叠加是两者振幅和相位的分别叠加，复数的运算法则正好与之相符。这是一切的起因，贝尔实验室所面临的大量的复数运算使工程师们不堪重负。

　　从结果来看，贝尔实验室发明计算机，一方面是为满足自身需求，另一方面是从自身技术上得到了启发。电话的拨号系统由继电器电路实现，人们通过一组继电器的开闭来决定谁与谁进行通话。当时实验室研究数学的人对继电器并不熟悉，而继电器工程师又对复数运算不够了解，将两者联系到一起的是一名叫乔治·斯蒂比茨的研究员，其肖像如图 3.34 所示。

图 3.34　乔治·斯蒂比茨的肖像

3.4.1　Model K

　　斯蒂比茨毕业于康奈尔大学，1930—1941 年就职于贝尔实验室。1937 年的某一天，他发现了继电器的开闭状态与二进制之间的联系。他找来两节电池、两个继电器和两个小灯泡，然后从易拉罐上剪下一个 U 形触片，用导线把它们连成了一个最简单的二进制加法电路，如图 3.35 所示。

　　若按下触片 B，灯泡 L2 亮；若按下触片 A，灯泡 L2 亮；若同时按下 A 和 B，灯泡 L1 亮。所实现的加法逻辑如图 3.36 所示。

图 3.35　二进制加法电路[①]

A		B		L1	L2
0	+	1	=	0	1
1	+	0	=	0	1
1	+	1	=	1	0

图 3.36　加法逻辑

---

① 图片来自网络。

因为模型是在厨房（kitchen）里搭建的，所以斯蒂比茨的妻子称之为 Model K。Model K 看似简单，却为斯蒂比茨验证了制造二进制计算机的可行性。

3.4.2 Model I

1939 年，斯蒂比茨带领贝尔实验室的团队成员仅用 6 个月就完成了专门用于进行复数运算的复数计算机（Complex Number Computer），它也称为 Model I，如图 3.37 所示。Model I 只支持复数的乘除运算，没有实现最基本的加减，因为这些团队成员认为加减法足够简单，只需要口算就够了，或者可以直接使用现成的机械计算器。不过后来他们惊喜地发现，只要不清空前一个数，在此基础上把新的数和 1（或 -1）相乘，就相当于与前一个数相加（或相减）。

图 3.37　Model I[①]

1. 编码

当时的电话系统有一个拥有 10 种状态的继电器，可以表示数字 0 ～ 9。由于 Model I 的专用性，它其实没有引入二进制的必要，直接利用这种继电器即可。但斯蒂比茨实在不愿放弃实用方便的二进制，便引入了二进制和十进制的"组合"——二进制编码的十进制（Binary Coded Decimal，BCD）。将十进制数的每个数位都用 4 位二进制码表示，BCD 码的示例如表 3.6 所示。

表 3.6　BCD 码的示例

十进制数	BCD
0	0000
1	0001
2	0010
3	0011
4	0100

① 图片来自网络。

续表

十进制数	BCD
5	0101
6	0110
7	0111
8	1000
9	1001
10	0001 0000
23	0010 0011
45	0100 0101

可见，$0 \sim 9$ 的 BCD 码和二进制码一样，但 10 的 BCD 码成了 1 和 0 的二进制码的拼接，更大的数亦然。

那么这种编码是如何实现的呢？有了逻辑门，这就变得容易多了。输入端的 $D_0 \sim D_9$ 分别表示十进制的整数 $0 \sim 9$，每次导通其中一个电路，即输入了相应的数字；输出端的 4 个开关电路 $BCD_0 \sim BCD_3$ 分别表示 BCD 码的 4 位二进制数字。$D_0 \sim D_9$ 与 $BCD_0 \sim BCD_3$ 的对应关系如表 3.7 所示。

表 3.7　$D_0 \sim D_9$ 与 $BCD_0 \sim BCD_3$ 的对应关系

数字	D_9	D_8	D_7	D_6	D_5	D_4	D_3	D_2	D_1	D_0	BCD_3	BCD_2	BCD_1	BCD_0
0	0	0	0	0	0	0	0	0	0	1	0	0	0	0
1	0	0	0	0	0	0	0	0	1	0	0	0	0	1
2	0	0	0	0	0	0	0	1	0	0	0	0	1	0
3	0	0	0	0	0	0	1	0	0	0	0	0	1	1
4	0	0	0	0	0	1	0	0	0	0	0	1	0	0
5	0	0	0	0	1	0	0	0	0	0	0	1	0	1
6	0	0	0	1	0	0	0	0	0	0	0	1	1	0
7	0	0	1	0	0	0	0	0	0	0	0	1	1	1
8	0	1	0	0	0	0	0	0	0	0	1	0	0	0
9	1	0	0	0	0	0	0	0	0	0	1	0	0	1

这一逻辑非常简单，用 4 组"或"门就可以实现 BCD 码的逻辑电路，如图 3.38 所示。

BCD 码既有二进制的简洁表示，又保留了十进制的运算模式。但斯蒂比茨仍不满足，他进行了一次富有智慧的调整——在每个 BCD 码的基础上加 3，这就有了余 3 码，相关示例如表 3.8 所示。

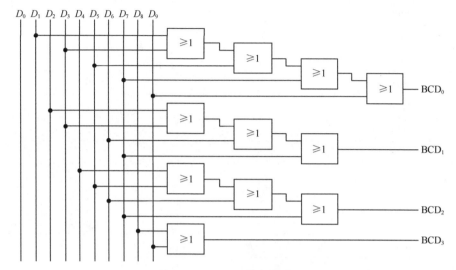

图 3.38　BCD 码的逻辑电路

表 3.8　余 3 码的示例

十进制数	余 3 码
0	0011
1	0100
2	0101
3	0110
4	0111
5	1000
6	1001
7	1010
8	1011
9	1100

为什么要加 3 呢？因为 4 位二进制码共有 16 个编码，原本可以表示数字 0 ~ 15，但在 BCD 码中后 6 个编码（1010 ~ 1111）是多余的。斯蒂比茨通过加 3，让前 3 个编码（0000 ~ 0010）和后 3 个编码（1101 ~ 1111）成为多余编码。

4 位二进制码在 BCD 码和余 3 码中的含义如表 3.9 所示。

表 3.9　4 位二进制码在 BCD 码和余 3 码中的含义

4 位二进制码	在 BCD 码中代表的数值	在余 3 码中代表的数值
0000	0	—
0001	1	—
0010	2	—
0011	3	0
0100	4	1
0101	5	2
0110	6	3
0111	7	4
1000	8	5
1001	9	6
1010	—	7
1011	—	8
1100	—	9
1101	—	—
1110	—	—
1111	—	—

　　这么做是为了更平衡，还是为了看起来更美观呢？当然都不是。余 3 码有以下两个优势。

- 进位。观察 1+9，即 0100+1100=0000（对于 4 位运算，进位丢弃）；观察 2+8，即 0101+1011=0000；依次类推，任意两个和为 10 的数所对应的余 3 码之和都为 0000。因此，可以用 0000 这一特殊编码来表示进位。
- 减法。0（0011）的反码[①]为 9（1100），1（0100）的反码为 8（1011），依次类推，每个数的反码正是其补九数的余 3 码。如此，减去某个数就等价于加上此数的反码再加 1，减法就转换成了更容易实现的加法。

　　相比于 BCD，余 3 码大大简化了线路设计。

---

① 所谓的反码，是指二进制串中的所有位都取反。

2. 客户 / 服务器架构

除编码之外，Model I 的另一大亮点是它首次采用了操作终端和后台计算明确分离的架构，即客户－服务器架构。

斯蒂比茨为 Model I 配备了 3 台操作终端，如图 3.39 所示。用户在任意一台终端上键入要计算的式子，后台将收到相应信号并在计算之后传回结果，由集成在终端上的打字机输出。只是这 3 台终端不能同时使用，像电话一样，只要有一台"占线"，另外两台就会收到"忙音提示"。

终端集成了数据输入（键盘）和结果输出（打印机），用户使用十进制输入数据，并在打印纸上得到十进制的计算结果，内部线路自动完成十进制数与余 3 码的相互转换。

图 3.39　Model I 的操作终端[①]

键盘的按键不多，左侧为一个连接 / 断开后台的开关，M 键和 D 键分别表示乘法和除法运算，C 键表示清零，如图 3.40 所示。为了便于实现电路，Model I 采用了定点运算，要求输入的数据都是纯小数。因此，表示加减操作符（包括实数部分和虚数部分）的 4 个按键上都直接标注了小数点。

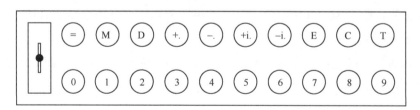

图 3.40　Model I 操作终端的按键布局

例如，要计算 (10+24i) × (20 − 48i)，按键的顺序如图 3.41 所示。在按下等号键之后，机器将在约 45s 后打印出结果。由于机器接收的公式是经过缩小之后的 (0.10+0.24i) × (0.20 − 0.48i)，所有原始数据被缩小为原来的 1%，因此需人工将机器给出的答案放大 10000 倍才是正确结果。

Model I 不仅是第一台多终端的计算机，还是第一台可以远程操控的计算机。

---

① 图片来自网络。

贝尔实验室利用其技术优势，在达特茅斯学院和超过 400km 外的纽约本部搭起了线路。1940 年 9 月 9 日，斯蒂比茨带着一台小小的终端来到学院演示，不一会就从纽约传回结果，在与会的数学家中引起了巨大轰动。他们纷纷上台亲自验证，其中有很多计算机史上的顶级人物，包括冯·诺依曼、诺伯特·维纳（控制论之父）、约翰·麦卡锡（人工智能之父）和约翰·莫奇利（ENIAC 之父）等。斯蒂比茨由此成为远程计算第一人。

图 3.41　按键的顺序

然而，Model I 只能进行复数的四则运算，不可编程，当贝尔实验室的工程师们想将它的功能扩展到多项式计算时，才发现其线路几乎不具备升级的可能性。尽管它名为计算机，但从能力上看，叫计算器似乎更合适。

3.4.3　Model II

1941 年年底，贝尔实验室开始为美国军方研制高科技作战设备，因此有了建造可编程计算机的需求。该项目继续交由斯蒂比茨负责，1943 年，Model II 问世。尽管它是一台通用计算机，但由于主要靠插值法来计算 M9 高炮射击前的参数，所以 Model II 有个十分"专用"的名字——继电器插值器（Relay Interpolator）。

Model II 开始使用穿孔带进行编程，共有 31 种指令，最值得一提的还是二 - 五编码（Bi-quinary Coded Decimal），示例如表 3.10 所示。

表 3.10　二 - 五编码示例

十进制数	二 - 五编码
0	01 00001
1	01 00010
2	01 00100
3	01 01000
4	01 10000
5	10 00001

十进制数	二－五编码
6	10 00010
7	10 00100
8	10 01000
9	10 10000

不难发现，这种编码和算盘的示数方式极其形似。实现起来很简单，把继电器分成两组：一组 5 位，表示 0 ～ 4；另一组 2 位，表示是否要加上 5。

然而，比起余 3 码，二－五编码似乎既复杂，又浪费位数。斯蒂比茨之所以选择它，是因为它有强大的自校验能力。采用二－五编码时，每一组继电器中有且仅有一个继电器为 1，一旦出现多个 1 或者全是 0 的情况，机器立刻就能发现问题，由此大大提高了其可靠性。

3.4.4 后话

相比祖思，斯蒂比茨是幸运的，贝尔实验室为他提供了大展身手的平台。他拥有出色的技术团队、现成的零件资源（继电器），以及更安全稳定的研究环境。Model 系列不是斯蒂比茨的个人功劳，而是整个贝尔实验室的集体成就。1941 年斯蒂比茨离职后，贝尔实验室依然与他保持着紧密合作，并相继推出了 Model III ～ Model VI，在计算机发展史上占据了一席之地。其中，Model V 可处理的数据范围达到了 10^{-64} ～ 10^{64}，Model VI 则"返璞归真"，再度用于复数计算。

3.5 哈佛机：大型机上的编程体验

稍晚些时候，踏入机电计算领域的还有哈佛大学的师生们。当时，一名在校的物理学博士生—霍华德·哈瑟维·艾肯，和当年的祖思一样，被手头繁杂的计算工作困扰着，一心想建一台计算机，其肖像如图 3.42 所示。于是从 1937 年开始，他拿着自己设计的方案四处寻找愿意合作的公司，最终 IBM 公司向他抛出了橄榄枝。

彼时的 IBM 公司已是单元记录机市场的巨头企业，拥有丰富的计算设备建造经验。而除了其主营的制表机型，当时的总裁托马斯·约翰·沃森对通用计算机也颇有兴趣。

艾肯想实现自己的理想，沃森想进一步提高公司的声誉，两人一拍即合。1939 年 3 月 31 日，哈佛大学和 IBM 公司签订协议，哈佛大学派艾肯主导设计，IBM 公司方面则派出顶尖的工程师团队负责实现，最终成果归哈佛大学所有。

IBM 公司斥资 40 万～50 万美元，却甘愿把成果拱手相让，正是因为沃森不准备打造产

图 3.42　霍华德·哈瑟维·艾肯的肖像[1]

品，而纯粹是为了彰显公司的实力。照理说，哈佛大学和 IBM 公司的贡献是对等的。不料，在机器建好之后的庆典上，哈佛大学新闻办公室与艾肯私自准备的新闻稿中严重夸大了己方的功绩，对 IBM 公司的功劳没有给予足够的认可，把沃森气得与艾肯老死不相往来。

哈佛大学给这台于 1944 年完成的计算机命名为马克 1 号（Mark I），在 IBM 公司被称为 IBM 自动顺序控制计算机（Automatic Sequence Controlled Calculator，ASCC）。

3.5.1　Mark I

Mark I 是当时的大型计算机，由约 765000 个元器件组成，内部导线总长 800km。图 3.43 所示为 Mark I，机器长约 15.5m，高约 2.4m，重达 5t，占满了整个机房的一侧。机器左侧的玻璃柜中，是两个 30 × 24 的置数旋钮阵列（图中只显示出了一半），可输入 60 个 23 位的十进制数（留出 1 位表示正负，0 表示正，9 表示负）；中间部分是更壮观的计算阵列，由 72 个计数器组成，每个计数器包括 24 个机电计数轮，共可存放 72 个 23 位的十进制数；机器的右侧部分是若干台穿孔式输入 / 输出装置，包括两台读卡器（用于输入相对固定的经验常数）、3 台穿孔带读取器（分别读取存有常数表、插值系数和控制指令的 3 种穿孔带）、1 台穿孔机和两台自动打字机。

从数据输入到数据处理，再到数据输出，Mark I 自始至终在与十进制打交

---

① 图片来自维基百科。

道，即使它使用了继电器和穿孔技术。不论是置数旋钮还是计数器，其背后都是
10 齿的金属轮。每个金属轮通过一个电刷与它的某个齿接触，接通表示相应数
值的电路。这个电路进而可以使某个磁性爪抓住另一个金属轮的轴，并带动它旋
转相应的角度。如此，一个轮的数值便作用到了另一个轮上。

图 3.43　Mark I[①]

　　为了编程，艾肯给 72 个计数器和 60 组置数旋钮都进行了编号，分别如
表 3.11 和表 3.12 所示。乍一看，编号的规律让人难以寻找。其实，这和穿孔带有关。

表 3.11　Mark I 中计数器的编号

序号	编号	序号	编号	序号	编号	序号	编号	序号	编号	序号	编号
C1	1	C13	431	C25	541	C37	631	C49	651	C61	65431
C2	2	C14	432	C26	542	C38	632	C50	652	C62	65432
C3	21	C15	4321	C27	5421	C39	6321	C51	6521	C63	654321
C4	3	C16	5	C28	543	C40	64	C52	653	C64	7
C5	31	C17	51	C29	5431	C41	641	C53	6531	C65	71
C6	32	C18	52	C30	5432	C42	642	C54	6532	C66	72
C7	321	C19	521	C31	54321	C43	6421	C55	65321	C67	721
C8	4	C20	53	C32	6	C44	643	C56	654	C68	73
C9	41	C21	531	C33	61	C45	6431	C57	6541	C69	731
C10	42	C22	532	C34	62	C46	6432	C58	6542	C70	732
C11	421	C23	5321	C35	621	C47	64321	C59	65421	C71	7321
C12	43	C24	54	C36	63	C48	65	C60	6543	C72	74

① 图片来自 *A Manual of Operation for the Automatic Sequence Controlled Calculator*。

表 3.12　Mark I 中置数旋钮的编号

序号	编号	序号	编号	序号	编号	序号	编号	序号	编号	序号	编号
S1	741	S11	7521	S21	75431	S31	76321	S41	7651	S51	765421
S2	742	S12	753	S22	75432	S32	764	S42	7652	S52	76543
S3	7421	S13	7531	S23	754321	S33	7641	S43	76521	S53	765431
S4	743	S14	7532	S24	76	S34	7642	S44	7653	S54	765432
S5	7431	S15	75321	S25	761	S35	76421	S45	76531	S55	7654321
S6	7432	S16	754	S26	762	S36	7643	S46	76532	S56	8
S7	74321	S17	7541	S27	7621	S37	76431	S47	765321	S57	81
S8	75	S18	7542	S28	763	S38	76432	S48	7654	S58	82
S9	751	S19	75421	S29	7631	S39	764321	S49	76541	S59	821
S10	752	S20	7543	S30	7632	S40	765	S50	76542	S60	83

　　控制机器运行的穿孔带上每一行有 24 个孔位（如图 3.44 所示），使用时将其分成 3 组，每组 8 位，用于表示数据地址或操作指令。艾肯将一组的 8 个孔位从右至左标为 1 ~ 8，因此表 3.11 和表 3.12 中的编号总是由数字 1 ~ 8 组成的。

图 3.44　Mark I 上的纸质穿孔带 [1]

---

① 图片来自维基百科。

当我们进一步将这些编号转换为穿孔带上的孔洞时，不难发现它们在本质上就是按顺序增长的 8 位二进制编码，如表 3.13 所示。与其说艾肯用十进制为数据地址编号，不如说他想出了一种二进制码的十进制表示方法，让使用者更容易阅读、熟记和交流。

表 3.13　Mark I 中数据地址编号的穿孔形式

序号	编号	穿孔	形如二进制编码
C1	1	○○○○○○○●	0000 0001
C2	2	○○○○○○●○	0000 0010
C3	21	○○○○○○●●	0000 0011
⋮	⋮	⋮	⋮
C70	732	○●○○○●●○	0100 0110
C71	7321	○●○○○●●●	0100 0111
C72	74	○●○○●○○○	0100 1000
S1	741	○●○○●○○●	0100 1001
S2	742	○●○○●○●○	0100 1010
S3	7421	○●○○●○●●	0100 1011
⋮	⋮	⋮	⋮
S58	82	●○○○○○●○	1000 0010
S59	821	●○○○○○●●	1000 0011
S60	83	●○○○○●○○	1000 0100

操作指令也有类似的编号，如加法指令的编号是 7，清空指令的编号也是 7，打印指令的编号是 7432 和 74321（对应两台打字机），乘法指令的编号是 761，正弦指令的编号是 7631。这些指令的编号往往包含数字 7，因为机器只有在遇到含 7 的指令时才会继续往下执行，否则会暂停。不同指令在 24 个孔位中的位置也有所不同：对于不涉及数据的操作，指令编号可以占据前 8 位；对于涉及数据的操作，前 8 位乃至前 16 位就需要用来给数据地址编号，指令编号只能退居末 8 位了。表 3.14 所示为几条具有代表性的示例代码。

表 3.14　Mark I 中的示例代码

操作	编程代码	穿孔
把 S10 中的值与 C24 指向的值相加（结果存入 C24）	752 54 7	○●●●●○　●○●○○　○○●●○　○○●○○○○○
用 1 号打字机打印 S10 中的值	752 7432	●○●○●○　●○●○●　●○●○○　○○○○○○○○
清空 C24 指向的值	54 54 7	○○○●●○　●○○●●　○●○○●　○○○○○○○○
关闭 2 号打字机	8731	●●○○●○　○○○○○　○○○○○　○○○○○○○○
求 C64 指向的值的正弦值	7 7631	○●○○○○　○○●●○○●○●○●　○○○○○○○○

　　将这些由数字构成的简单语句按照一定顺序排列，用穿孔机（如图 3.45 所示）在纸带上打出相应的孔洞，就形成了 Mark I 可以识别的程序，足以解决各种复杂的数学问题。在 Mark I 上运行的第一批程序就包括了冯·诺依曼为曼哈顿计划所编写的原子弹内爆模拟程序。

图 3.45　穿孔机 [1]

　　在计算速度上，Mark I 的表现并不出彩，完成一次加减法运算需要 3s，完成一次乘法运算需要 6s，完成一次除法运算需要 15.6s，计算正弦和乘方往往用时超过 60s，完成对数运算更是需要 89.4s。但它仍是当时一台十分成功的通用计算机，从 1944 年 5 月开始在美国海军服役了 14 年之久。

　　1959 年，庞大的 Mark I 被拆解，部件分布于哈佛大学、IBM 公司和史密森学会。

---

[1] 图片来自维基百科。

3.5.2 后话

和祖思一样,艾肯的方案并不局限于某种材料,他更关注计算机的整体架构。在与 IBM 公司合作之前,他曾找到生产销轮计算器的门罗公司,如果协议达成,那么 Mark I 将会是纯机械的。

和 IBM 公司闹僵之后,艾肯继续在哈佛大学研制了 Mark II ~ Mark IV,它们延续了 Mark I 的架构,并在材料上进行了升级。1947 年,Mark II 是全继电器的,并使用了 BCD 码;1949 年,Mark III 用 5000 个真空管和 1500 个二极管取代了部分继电器,并引入了磁鼓、磁带等存储介质;1952 年,Mark IV 则已是纯电子计算机,并用性能更好的磁心存储器替代了磁鼓。

与同时期其他"重复制造轮子"的先驱不同,艾肯"站在了巨人的肩膀上",他深入研究了帕斯卡、莱布尼茨、巴贝奇、霍尔瑞斯等人的工作,并给予了他们极高的评价。他充分参考了他们的成果,也将他们的失误引以为戒——正是有了巴贝奇的前车之鉴,艾肯才选择直接利用 IBM 公司现成的制表机零件,而没有走自己生产元件的弯路。

也正得益于这份扎实的调研基础,艾肯对计算机科学有了更系统、更深刻的理解。1947 年,哈佛大学开设了计算机专业课,他成为世界上第一位计算机科学教授,之后培养出了一众出色的计算机科学家。而 10 年之后,其他大学才陆续开设这一专业,其他教授也模仿着艾肯的教学体系。

3.6 小结

机电时期是机械与电子之间一段短暂的过渡时期,时间虽短,却取得了显著的成就。

这一时期的机器不再局限于单纯的数学运算,开始具备更丰富的功能。它们有着五花八门的结构,并在专用和通用之间来回游走,却不约而同地朝着现代计算机的模样靠拢。

随着穿孔时代的开启,"新秀"二进制开始挑战十进制的"权威",我们在祖思机、贝尔机和哈佛机上一步步领略到它的魅力。二进制在计算机中的应用,既是布尔代数计算理论进一步发展的成果,也是穿孔技术和开关电路在硬件上反向促进的结果。

在第 2 章，作者有意地使用"计算器"（calculator）来统称机械时期的计算设备，而从本章开始则使用"计算机"（computer）。和计算器不同，计算机有着更高的自动化程度。

computer 一词最早出现于 1613 年英国作家理查德·布雷斯韦特的一本书中，指的不是机器，而是"负责计算的人"，即计算员。直到 1897 年，computer 才有了"计算机器"的意思。在此之前，计算员是一种地位不高的职业，往往由作为廉价劳动力的妇女或失业者从事。他们不需要有多高的文化程度，只需要经过培训，借助机械计算器或手动计算工具帮助科学家和工程师完成一系列最基本的数学运算即可。从 computer 的词源来看，只有当一台机器除能完成运算之外，还能指派运算，在一定程度上具有取代计算员的能力时，才有被称为"计算机"的资格。

在发明计算器时，人类将运算的能力交给机器；在发明计算机时，人类将组织运算的能力交给机器。计算机的发展历程就是人类一步步将智慧交给机器的过程。

机电时期是人类社会从计算器时代步入计算机时代的关键拐点，本章的几位人物都是名副其实的计算机先驱。在 IEEE 计算机先驱奖的第一批获奖者中，祖思、斯蒂比茨和艾肯悉数在列。

至此，即使人们开始建造通用计算机，人们研制机器的目的也只限于解决烦琐的计算问题。计算机仍然只是一种工具，仍没有进化为更系统的学科。但它的日益强大，终于促使一部分人开始思考通用计算机的本质以及它的能力边界。

第 **4** 章

飞速变革的电子时期

4.1 计算机世界的理论基石

有一个古老而经典的逻辑游戏：如果一个人说"我正在说谎"，那么他到底是不是在说谎呢？如果他不是在说谎，那么"我正在说谎"这句话就是真的；如果他在说谎，那么"我正在说谎"这句话就是假的。无论从哪个角度推演，得到的都是自相矛盾的结论，所以无从判定他到底有没有说谎。

这就是公元前 4 世纪，由哲学家欧布里德提出的著名的"说谎者悖论"。

与之类似的，还有伯特兰·罗素在 1901 年提出的"罗素悖论"，它的通俗化版本是流传更广的理发师悖论：如果一位理发师只给不为自己理发的人理发，那他给不给自己理发呢？

罗素悖论动摇了整个数学大厦的根基——集合论。为使命题合理，当那位理发师圈定服务对象的范围时，必须把自己排除在外。这也就意味着，没有包罗万象的集合——至少它不能轻易包含自己。

这些悖论都源自"罪恶"的自指——当一套理论开始描述自身时，就难免会出现悖论。

尽管如此，仍有数学家们想在限定的范围内负隅顽抗，他们找到一个完备的系统[①]，寻求能够判定命题真假的通用算法。这就是德国数学家戴维·希尔伯特和威廉·阿克曼在 1928 年提出的判定问题。

只可惜没过几年，这种可能性被否定了。

[①] 逻辑学中的一阶谓词演算是完备的，感兴趣的读者可以深入了解。

1936 年，两位年轻的数学家分别用不同的方法给出了判定问题的解答方法。一位是来自美国的阿隆佐·邱奇，他引入了一种叫 Lambda 演算的方法，并最终证明没有任何通用算法可以判定任意两个 Lambda 表达式是否相等；另一位是来自英国的艾伦·图灵，和枯燥的数学推理不同，他使用了一种更有趣、更形象的模型，邱奇给了它一个响亮的名字——图灵机（Turing machine）。图 4.1 所示为艾伦·图灵的肖像。

图 4.1　艾伦·图灵的肖像[①]

4.1.1　图灵早年经历

1912 年 6 月 23 日，图灵出生于英国帕丁顿，由于父母常年在印度工作，他和比他年长 4 岁的哥哥一起被寄养在一对军人夫妇的家中。图灵的童年和大多数男孩一样，经历过调皮捣蛋和孤僻寡言的阶段。他天性聪敏却有着严重偏科的倾向，许多教过他的老师对他的评价也并不高。

10 岁那年，图灵接触到一本改变了他一生的童书——《儿童必读的自然奇迹》，这本科普读物为他打开了一扇新世界的大门，图灵发现门的那边充满了一种对他来说最有吸引力的知识——科学。他开始疯狂地寻找和自学与科学有关的一切知识，并用日用品做一些简单的化学实验。他很快意识到手头的科普读物过于浅显，妨碍了他了解事物背后更深层的原理。他甚至写信给父母讨要真正的科学书籍，而不是儿童百科。他在信中写道：“《儿童必读的自然奇迹》中说，二氧化碳在血液里变成苏打，又在肺里变回二氧化碳。如果可以，请把苏打的化学名称，最好是化学式寄给我，好让我看看这个过程到底是怎么进行的。”13 岁时，他已经对酒精等有机物的分子式和结构式了如指掌。

1926 年，聪明好学而又对科学知识近乎偏执的图灵考入了谢伯恩中学。开学当天正赶上英国大罢工，公共交通瘫痪，图灵竟用两天时间靠自行车“征服”了到学校的近 100km 路程。

---

① 图片来自维基百科。

图灵很有才华，也很有执行力，却在人际沟通上遇到了大麻烦。知子莫若母，图灵的母亲在为他寻找合适的中学时就一度担心他没法适应公学①生活，成长为高智商、低情商的"怪人"。在当时讲究教条与制度而不重视理性和科学的环境下，在谢伯恩中学里，图灵显得格格不入，被多数同学孤立和欺负，连老师也经常拿他的小习惯开玩笑，这对一个心智尚未成熟的男孩来说非常可怕。学校的校长倒看得十分透彻，曾"警告"图灵的父母："我希望他不要两头都落空。如果他要留在公学，就必须以好好接受我们的教育为目标；如果他只是想做科学家，那么在公学里就是浪费时间。"

谢伯恩中学是当时英国社会的一个缩影，中学的经历预示了图灵不被理解的一生。

1931—1934 年，成年后的图灵在剑桥大学国王学院攻读数学专业。尽管这里的制度依旧古板，像放大版的谢伯恩中学，但图灵接触到了世界顶级的数学家和一流的学术专著，可以更专注于自己喜欢的领域，并包揽了许多数学方面的奖项。毕业后，图灵以优异的成绩成为国王学院研究员。他在研究希尔伯特的问题上用了整整一年的时间，最终在 1936 年发表了一篇重要的论文——《论可计算数及其在判定问题中的应用》，提出了使其成为"计算机科学之父"的图灵机。

4.1.2 图灵机

1. 工作原理

图灵机是图灵受打字机的启发而假想出来的一种抽象机器，其处理对象是一条无限长的纸带，如图 4.2 所示。纸带被划分为一个个大小相等的小方格，每个小方格可以存放一个符号（可以是数字、字母或其他符号）。贴近纸带的读写头可以对单个小方格进行读取、擦除和打印操作。为了让读写头能访问纸带上的所有小方格，人们可以固定纸带，让读写头沿着纸带左右移动，每次移动一格；或者固定读写头，让纸带左右移动。后一种方式类似于当时穿孔带以及后来磁带和磁盘的做法，但在讨论原理时为了方便说明，我们通常选用前一种方式。

那么读写头该如何移动？移动之前或移动之后又该做何操作呢？这取决于机

---

① 公学是指英国的公共学校，当时是面向富裕家庭的精英学校，只招收中产和贵族阶级的孩子。

器当前的状态以及读写头当前指向的小方格中的内容，机器中有着一张应对各种情况的策略表。假设有一只小猫，你在它的碗里放些食物，它会根据自己饿不饿以及食物的类别判断是吃还是不吃，我们可以大体列出一张策略表，如表 4.1 所示。

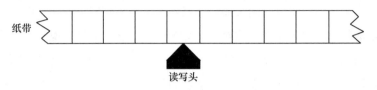

图 4.2　图灵机中的纸带

表 4.1　小猫进食策略表

状态	食物	行为	目标状态
饿	鱼	吃	饱
	白米饭	等待	饿
	无	等待	饿
饱	鱼	等待	饿
	白米饭	等待	饿
	无	等待	饿

在这个例子中，小猫就好比图灵机，碗就是纸带上的小方格，食物就是小方格中的符号。当然，这只是一个简化的类比，也有很多不挑食的小猫会吃白米饭，或者贪食的小猫即使吃饱了，看见鱼也是会继续吃。在理想情况下，如果我们提供了一排足够多的碗，并在碗中放置了更多种类的食物，小猫就会在碗与碗之间来回走动，就更像一台图灵机了。

为了更精确地说明，下面将构造一台简单的图灵机，实现对纸带上所有 3 位二进制数的加 1 操作（超过 3 位的进位将被丢弃），相邻两个 3 位二进制数之间通过一个空的小方格隔开，如图 4.3 所示。读写头从最右侧二进制数的最低位开始向左扫描，当遇到连续两个空方格时，则默认已处理完所有的数，机器停止扫描。策略表如表 4.2 所示，其中 E 表示擦除，P 表示打印，L 表示左移。

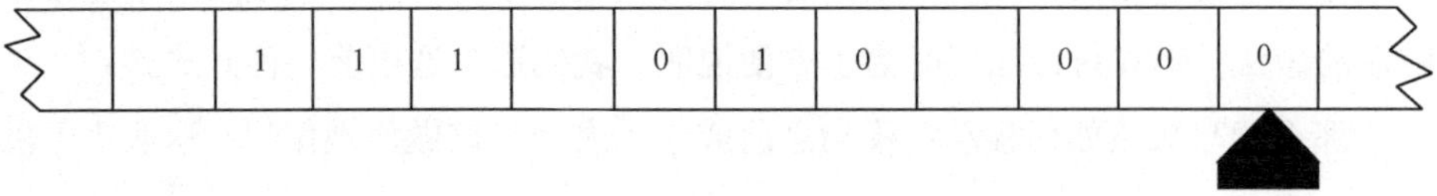

图 4.3　图灵机的示例纸带

表 4.2 图灵机的示例策略表

状态	符号	行为	目标状态
S_1	0	E P1 L	S_2
	1	E P0 L	S_1
	—	L	S_3
S_2	0	L	S_2
	1	L	S_2
	—	L	S_3
S_3	0	—	S_1
	1	—	S_1
	—	—	停机

该图灵机有以下 3 种工作状态。

- S_1：加 1 状态，也是机器的初始状态。如果读写头遇到的是 0，则直接将 0 改为 1 即完成加 1 任务，左移一格后进入状态 S_2；如果遇到的是 1，则将 1 改为 0，由于需要进位，即对下一位加 1，因此左移一格后仍停留在状态 S_1；如果遇到的是一个空方格，即使当前需要进位，也不做处理（将进位丢弃），左移一格后进入状态 S_3。

- S_2：左移状态，此时已实现当前二进制数的加 1，需要将读写头移到下一个数的最低位。如果遇到 0 或 1，说明读写头还在当前二进制数上，继续左移；如果遇到空方格，后面等着它的可能是下一个二进制数，也可能是永无止境的空方格，左移一格之后进入状态 S_3。

- S_3：判断状态，根据情况判断是否还有二进制数要处理。如果读写头遇到的是 0 或 1，则说明当前位置是一个新的二进制数的最低位，直接进入状态 S_1；如果遇到的仍是空方格，说明后续不再有数据，机器停止扫描。

根据上述内容，该图灵机处理图 4.3 中纸带的过程如图 4.4 所示。

像这样，我们可以设计出具有各种功能的图灵机，而策略表的制定则类似于编程。图灵想到，如果把策略表中的信息以统一的格式写成字符串（例如，表 4.2 可以表达成 S₁/0/EP1L/S₂ S1/1/EP0L/S₁ S₁/L/S₃……），然后放在纸带的头部，再设计一台能在运行开始时从纸带上读取这些策略的图灵机，那么针对不同的任务，就不需要设计不同的图灵机，而只需要改变纸带上的策略表即可。这种能靠纸带定制策略表的图灵机称为通用图灵机（Universal Turing Machine，UTM）。

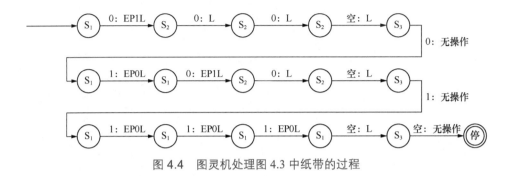

图 4.4 图灵机处理图 4.3 中纸带的过程

不单是策略表，其实用于描述图灵机的所有信息（包括所使用的符号、初始状态等）都可以表达成纸带上的字符串。这就意味着，一台图灵机可以成为另一台图灵机的输入。

2. 判定问题的解答

在有些情况下，一台图灵机如果长时间没有输出结果，那么很可能陷入了死循环或永无止境的计算中。机器可能运行 1 分钟后停机，也可能运行十几天甚至几十年才停机，或者永远不会停机，这很难靠人为判断。假设我们构建出一台图灵机 H，它以其他图灵机的输出信息作为输入，并能够判定其是否会停机，就解决了上面的烦恼。构建这样的机器难度虽大，但理论上是可行的。

这就是著名的停机问题（halting problem）。

图灵机 H 的运行流程如图 4.5 所示，如果其判定对象会停机则输出 1，反之则输出 0。

我们再构建一台图灵机 G，其运行流程如图 4.6 所示。如果图灵机 H 输出 1，就说明图灵机 G 会停机，但事实上它将陷入循环；如果图灵机 H 输出 0，就说明图灵机 G 不会停机，但事实上它将停机。

悖论已经出现，图灵机 H 无法对图灵机 G 的停机问题进行判定。这又是因为尴尬的自指（自己"处理"自己）：当一个系统强大到一定程度时，终究会遇到无法处理自己的窘境。

因此，不存在一台图灵机可以判定任意图灵机是否会停机。图灵机不是万能的，判定问题的答案也是否定的。而这个看似有点耍赖的证明方式，却有着图灵长达 36 页的数学论证支撑。

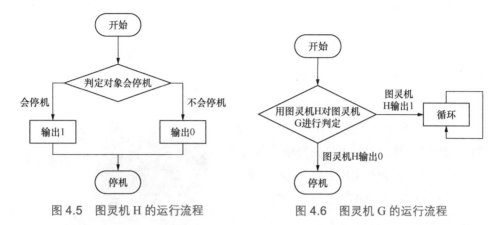

图 4.5 图灵机 H 的运行流程　　　　图 4.6 图灵机 G 的运行流程

3. 深远的意义

图灵的工作不仅回答了希尔伯特的问题，还发现了数学和计算机的本质关系——计算机是为解决数学问题而诞生的，却又基于数学，因而数学的极限便框定了计算机的能力范围。

图灵证明了没有任何机器可以解决所有数学问题，也证明了机器可以完成所有人类能完成的计算工作。从如今的应用看来，后一个结论的意义重大得多。

从图灵开始，计算机有了真正坚实的理论基础，更多人开始投身计算机的理论研究，而不是仅尝试构建一台机器。从如今的应用来看，图灵机之于计算机领域的价值远高于数学领域，毕竟判定问题时还有 Lambda 演算和许多其他解答方法，但计算机的原始公式只有图灵机这一个。

如今的所有通用计算机都是图灵机的一种实现。当一个计算系统可以模拟任意图灵机（或者说通用图灵机）时，我们称其是图灵完备的（Turing complete）；当一个图灵完备的系统可以被图灵机模拟时，我们称其是图灵等效的（Turing equivalent）。图灵完备和图灵等效成为衡量计算机与编程语言能力的基础指标。如今几乎所有的编程语言都是图灵完备的，这意味着它们可以相互取代，一种语言能写出的程序用其他语言也一样可以实现。

4.1.3　后话

图灵曾只身前往美国普林斯顿，在那里找到了领先一步发表成果的邱奇，并继续大学深造。1937 年，图灵开始把业余时间花在密码学的研究上。1938 年，图灵在取得博士学位后返回了正在紧张备战的英国，不久便参与到政府的密码破译[①]项目中，和全国各地顶尖的数学家们一起，在白金汉郡的布莱切利园中深居简出，认真工作。

"二战"时期，各国已经使用无线电进行作战指挥，因为信号可以轻易地被敌国接收，所以需要对无线电内容进行加密，如将"ABCD"改成"BCDE"发出去。当然，军用的加密方式不会如此简单。当时，德国使用的是一种叫谜机（Enigma machine）的加密机器（如图 4.7 所示），按下某个字母的按键，其加密后对应的字母小灯就会亮起。内部的转轮和接插线板将这种对应关系随意打乱，每按一次按键，转轮就会转动一次，组合成新的对应关系。例如，第一次按下 A

图 4.7　谜机[②]

键，D 灯亮起；再按一次 A 键，亮起的可能是 Z 灯，毫无规律可循。

解密的方式是穷举，即遍历所有可能的对应关系，直到找出有意义的关键词，而这恰恰是机器最擅长的事。英国的同盟国波兰在战前就成功研制了破解谜机的炸弹机（bomba），可惜德国在 1938 年年底将谜机上的转轮从 3 个增加到了 5 个，解密的复杂程度呈爆炸式增长，针对 3 转轮谜机设计的炸弹机还未在"二战"中发挥作用就已经宣告报废。解决这个难题的关键人物正是图灵，新建的炸弹机（如图 4.8 所示）成功破解了有 5 个转轮的谜机。其破解难度之大，大到英国首次利用破解的信息破坏德军行动时，德国的密码专家首先排除了谜机被破解的可能性。

[①] 本书所提及的"二战"期间的密码（cipher）与现今我们登录账号所用的密码（password）不是同一概念，前者是对明文按照一定规则转换后生成的密文，后者则是通行口令。

[②] 图片来自维基百科。

随后，对密码学有着深刻认识的图灵还探索出一种高效的解密算法，人们称之为图灵方法（Turingery），该算法成为布莱切利园中的密码学家们破解德国密码的核心理论。

图 4.8 新建的炸弹机 [1]

在布莱切利园的工作是图灵在短暂的一生中为人类做的第二项伟大贡献。他的成果使"二战"至少提前两年结束，挽救了至少 1400 万人的生命。英国前首相温斯顿·丘吉尔曾表示，"二战"的胜利最该感谢的人就是图灵。

战后，图灵进入英国国家物理实验室，并设计了属于最早一批电子计算机之一的自动计算机（Automatic Computing Engine，ACE），首次实现了他心目中的通用图灵机。1950 年 5 月 10 日，ACE 的简化版 Pilot ACE（如图 4.9 所示）开始运行，完整的 ACE 直到图灵去世之后才得以建成。

1948 年，图灵成为曼彻斯特大学数学系的讲师，并于次年担任学校计算机实验室的副主任，负责计算机软件的研究。他还成为计算机企业的顾问，帮助其研发商用电子计算机。1951 年，英国皇家学会将图灵吸纳为会员。

这些年间，图灵的主要工作仍是数学和计算机的理论研究。1950 年，第二篇影响世界的论文"计算机与智能"问世，在那个电子计算机才刚刚起步的年代，

---

[1] 图片来自维基百科。

高瞻远瞩的图灵用一个问题（"机器会思考吗？"）就叩开了人工智能的大门。文中提出了著名的图灵测试（Turing test）：让一台机器躲在挡板后回答测试人员的提问，让测试人员判断自己面对的是机器还是真人。能否通过图灵测试是衡量机器智能程度的重要指标。这位"人工智能之父"过于乐观地预言，到 2000 年，计算机应该能"骗过"30% 的测试人员。

图 4.9　Pilot ACE[①]

图灵机、炸弹机、人工智能……图灵献给了世界太多意义重大的作品。

1966 年，美国计算机协会（Association for Computing Machinery，ACM）设立计算机领域的最高奖项，命名为图灵奖。图灵奖素有"计算机界的诺贝尔奖"之称，图灵实乃当之无愧。

2019 年，英格兰银行宣布，图灵的肖像将出现在新版的 50 英镑纸币上，以纪念这位改变了国家乃至整个世界命运的伟人。

4.2　电子时代的到来

4.2.1　电子管

1. 电子管的诞生

19 世纪下半叶，先后有几位科学家发现了通电的金属导体在加热后会出现

---

① 图片来自维基百科。

电量损失的现象。1883年，正在改进灯泡的爱迪生也发现了这一现象，为了防止灯丝在高温下过快"蒸发"，他在灯泡（见图4.10）中加入了不与灯丝接触的金属片，虽然并没有解决灯丝的"蒸发"问题，但意外地用电流表检测出了金属片中的微弱电流。

他开展了进一步的实验，发现只有当金属片与电源的正极相连时才会产生电流，反之则不会，如图4.11所示。爱迪生虽然不明白这是什么原理，也没想到可以怎样应用，但依然申请了专利，这种现象因而被称为爱迪生效应。爱迪生的无意之举打开了电子学的大门。

图4.10　发现爱迪生效应的灯泡 [1]

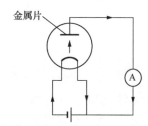

金属片

A

图4.11　爱迪生的实验电路
（箭头表示电子的流向）

1897年，英国物理学家约瑟夫·约翰·汤姆逊发现了电子，人们才明白爱迪生效应是电子从加热的灯丝表面"逃逸"并被金属片"捕获"的结果；当金属片连接电源负极时，同极相斥，便不会接收来自灯丝的电子。爱迪生效应因此有了一个更专业的名字——热电子发射。

1904年，英国物理学家约翰·安布罗斯·弗莱明利用爱迪生效应发明了电子管（或真空管），其结构和爱迪生的灯泡类似，因为有两个电极（涌出电子的灯丝为阴极，接收电子的金属片为阳极）而被称为二极管，如图4.12所示。当二极管的阴极与电源负极相连、二极管的阳极与电源正极相连时，二极管导通，表现为没有电阻的导线；反之，二极管截止，表现为一个断开的开关。由于单向导通的特性，二极管主要用作交流电整流器和收音机里的检波器。

————————————
① 图片来自维基百科。

在二极管中，与电源正负极相连本质上造就了阴极与阳极之间的电压差，与电源正极相连总能获得更高的电压。水往低处流，电流也一样，从高压流向低压，可电子却不是，它从低压流向高压，因为它带有负电荷。那么，有没有可能通过增加电源和电极，以产生更多不同的电压差，从而实现更复杂的功能呢？有可能。

图 4.12　约翰·安布罗斯·弗莱明发明的二极管 [1]

1906 年，美国发明家李·德·福雷斯特通过在二极管的灯丝和金属片阴阳两极之间增加一个电极——一根波浪形的金属丝，发明了真空三极管，如图 4.13 所示。后来该金属丝被改成金属网，故称"栅极"。

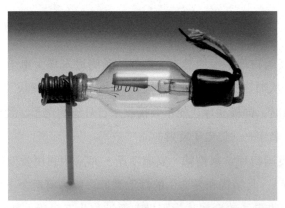

图 4.13　李·德·福雷斯特发明的真空三极管 [2]

"栅极"的表现与阳极十分类似，其作用取决于它和阴极之间的电压差。当

---

① 图片来自维基百科。

② 图片来自维基百科。

"栅极"上的电压比阴极低时，从阴极发射的部分电子将受到阻碍而无法到达阳极，"栅极"上的电压比阴极低得越多，这种阻碍效应就越大，直至完全阻隔；当"栅极"上的电压比阴极高时，它开始吸引电子，协助阴极将更多的电子传到阳极。因此，稍微改变"栅极"上的电压，就可以对阳极上的电压产生很大的影响，因而真空三极管常用作无线电通信中的信号放大器。

随后，陆续有发明家增加了更多栅极，四极管、五极管乃至有更多电极的电子管相继问世。

2. 逻辑门

具有通断两种状态的电子管令人不禁将其和电磁继电器联系到一起，继电器中衔铁的摆动是机械的，而电子管的通断速度接近光速。如果使用电子管组成开关电路，进而实现逻辑门，以此为基础元器件建造的计算机不就可以拥有空前的运算速度了吗？

图 4.14 与图 4.15 分别给出了一种用二极管构建的"与"门、"或"门电路。如果用高电压表示 1，用低电压表示 0，它们会如何完成逻辑运算呢？

图 4.14 "与"门电路　　　　　图 4.15 "或"门电路

"与"门由两个二极管组成，以两者的阴极作为输入端 X 和 Y，输出端 Z 与两者阳极相连并施加高电压。当给 X 和 Y 中任意一个施加低电压时，对应的二极管导通，$Z = 0$；当给 X 和 Y 同时施加高电压时，两个二极管都截止，$Z = 1$。

"或"门也由两个二极管组成，以两者的阳极作为输入端 X 和 Y，以阳极作为输出端 Z，对 Z 施加低电压。当给 X 和 Y 中任意一个施加高电压时，对应的二极管导通，$Z = 0$；当给 X 和 Y 同时施加低电压时，两个二极管都截止，$Z = 1$。

"非"门由单个真空三极管实现，以栅极作为输入端，以阳极作为输出端，

对 Z 施加高电压。当给输入端施加高电压时，真空三极管导通，输出低电压；当给输入端施加比阴极更低的低电压时，真空三极管截止，输出高电压。

显然，用电子管建造计算机在理论上是完全可行的。这样的想法在早期被多数人视为天方夜谭，因为那时的电子管不但体积大、能耗高、价格昂贵，可靠性还差，只能以极少的数量应用在无线电设备中，用成千上万的电子管建造计算机几乎是不可能完成的任务。然而，有一批不惧困难的先驱在关键时刻接下了这个任务，用一根根灯丝的微弱之光，点亮了电子计算的前途。

4.2.2　ABC：第一台电子计算机

1. 研制背景

大约是 1934 年的某一天，美国艾奥瓦州立大学数学和物理专业的一位助理教授正跃跃欲试，准备改造学校租用的一台 IBM 制表机，使它成为更强大的计算机器，并立刻动起手来。这一举动令 IBM 的售货员非常紧张，毕竟学校只是租赁，并没有把机器买下来，于是 IBM 赶紧写信叫停了他的"鲁莽"行为，并要求他把已经改动的地方恢复原样。

图 4.16　阿塔纳索夫
的肖像[1]

这位助理教授名叫阿塔纳索夫，他拥有佛罗里达大学电子工程学士学位、艾奥瓦州立大学数学硕士学位和威斯康星大学麦迪逊分校理论物理博士学位，其肖像如图 4.16 所示。专业上繁重的计算令他苦恼已久，在制表机的改造计划落空之后，他决定自己建造一台计算机。扎实的数学功底使他在设计机器时游刃有余，电子和物理方面的专业知识使他看到使用电子管的可行性。1939 年春天，他成功获得了学校的经费，此时还差一个助手帮他一起完成这一项目。一位同事将自己优秀的学生贝里推荐给了他，当时贝里刚从电子工程专业本科毕业，便顺势成为阿塔纳索夫的研究生。

不到 3 年时间，机器便基本完工。因为机器是阿塔纳索夫设计的，所以人们

---

① 图片来自维基百科。

便理所当然地称之为阿塔纳索夫机,其实贝里的贡献不容忽视。在 1963 年贝里
去世之后,为了纪念贝里,阿塔纳索夫正式将机器命名为阿塔纳索夫 – 贝里计算
机。巧合的是,这个在英文中代表"入门"和"基础"的单词也正是第一台电子
计算机的名字。

2. 组成结构与工作原理

可惜的是,这台划时代的计算机没有保留下来,我们现在所能见到的是艾
奥瓦州立大学在 1997 年重建的复制品,如图 4.17 所示。它借用 IBM 的 80 列穿
孔卡片输入十进制数据,读卡器在读入后将它们转换为二进制形式并存入两个滚
筒状的存储器(图 4.17 中另一个滚筒存储器被右侧控制台遮挡),计算单元由逻
辑电路构成,计算结果被转换回十进制后通过示数齿轮显示。对于规模稍大的问
题,ABC 还提供了用于读写二进制中间结果的装置。

图 4.17 ABC 的复制品 [1]

这是一台专用的电子计算机,用于求解线性方程组,最多可求解 29 个方程。
单个线性方程要有解,只能含有 1 个未知数,但需要两个已知数——未知数的系
数和常数,如下方程的已知数为 (1,2)。

$$x + 2 = 0$$

由两个线性方程构成的方程组则可以含有两个未知数,但每个方程都需要 3

---

① 图片来自维基百科。

个已知数，如下方程组的已知数分别为 (1,2,4) 和 (1,-2,-4)。

$$\begin{cases} x + 2y + 4 = 0 \\ x - 2y - 4 = 0 \end{cases}$$

依次类推，对于由 29 个线性方程构成的方程组，每个方程需要 30 个已知数，分别为 29 个未知数的系数和 1 个常数。对于这种极限情况，ABC 共需处理 29 组（每组 30 个）已知数，但阿塔纳索夫考虑到每联立两个方程就能消去一个未知数，可以让 ABC 每次只处理两组已知数。于是他为 ABC 装配了两个（而不是 29 个）滚筒存储器，每个滚筒存储 30 个 50 位的二进制定点数。

图 4.18 所示的滚筒的筒壁上整整齐齐排布着 32 圈电容（每圈有 50 个电容），其中 30 圈用于存储数据，多余的两圈作为备份。电容具有两个电极，可分别施加高电压和低电压，故可用"一高一低"和"一低一高"两种状态表示 0 和 1。带电的电容可以提供导通电子管的电压，电子管也可以为电容充电——两者具备二进制数据的传递能力。

图 4.18　ABC 的滚筒存储器[1]

由于电容比较"健忘"（离开电源后在一定时间内会自行失电），滚筒 1s 旋转一周，固定在台面上的电刷就对电容进行一次充电。对此，阿塔纳索夫打过一个生动的比方：一位家长让孩子去小店里买东西，孩子怕自己忘了，便在去的路上一遍又一遍地提醒自己"一打鸡蛋、一磅黄油"。滚筒存储器的学名叫作再生式电容存储器（regenerative capacitor memory），阿塔纳索夫首次将"memory"这个原本表示人类记忆的单词用在了机器身上。

在滚筒旋转一周的短短 1s 内，计算单元便完成了 30 对二进制数的加减运算，

---

① 图片来自网络。

机械和机电时期的人们估计很难想象这种计算速度。事实上，电容只占据了滚筒柱面的 5/6，计算是大约在 0.833s 内做完的。

ABC 使用二进制加法器（减法通过二进制补码转换为加法），每个单数位加法器由 14 个真空三极管组成，如图 4.19 所示。机器工作时，站在一旁的操作人员能明显感觉到它们散发出的热量。

常规思路中，我们需要 50 个串联的单数位加法器，以实现两个 50 位二进制数的相加，并通过 30 次运算完成 30 对数的相加。但 ABC 只用了 30 个单数位加法器，每次相加的不是两个完整的二进制数，而是将 30 对数的某个数位两两相加，并通过 50 次运算完成 50 个数位的两两相加。图 4.20 给出了两种方案的示意，为了便于理解，图中将数据规模简化为每个滚筒包含 3 个 5 位二进制数。

图 4.19　ABC 的单数位加法器[1]

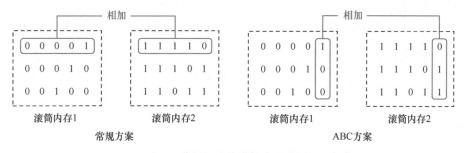

图 4.20　二进制加法的常规方案和 ABC 方案

ABC 虽然有着很快的计算速度，但每次只能处理两个方程的已知数，使用者需要不断地输入新的数据，并通过控制台上的指令开关告诉它下一步该做什么。据估计，求解 29 个线性方程需要约 25 小时。除通用性之外，自动化和可编程性也是 ABC 的短板。

为了提高效率，阿塔纳索夫也做了不少努力，中间结果的读写装置就是其一。他觉得传统的穿孔技术太慢，于是直接用 3000V 的高压电将纸片烧穿，确

---

① 图片来自维基百科。

保能在 1s 内记录 1500 个二进制位。可惜的是，在美国参与"二战"之后，阿塔纳索夫应征为军事部门贡献智慧，中间结果读写装置未能完成，整台 ABC 也因而在历史上留下了"未完成"的标签。如果没有战争，阿塔纳索夫或许可以提高 ABC 的自动化程度，并尝试实现通用计算机。

3. 后话

ABC 是在艾奥瓦州立大学物理大楼的地下室建造的，整体不大，形似一张桌子，长约 1.5m，宽、高都是 0.91m。但后来，该大学统一安装了一批仅 0.84m 宽的门，ABC 所在的地下室也不例外。1948 年，当学校准备将这里改造成教室时，发现这台机器已经运不出去了。由于 ABC 整体是用钢条焊接的，因此人们只得把它锯成小块。更糟糕的是，除一个滚筒存储器之外，这些小块都被无情丢弃。

世界上第一台电子计算机被毁的起因，竟是一段区区 7cm 的尺寸差异。想必当时艾奥瓦州立大学的领导并没有意识到 ABC 的历史价值，不然他们一定会毫不犹豫地将锯子挥向那扇门。复制品的造价高达 35 万美元，足够他们买很多扇门了。

ABC 的许多部件是机电装置，如读卡器、示数齿轮和指令开关，这一特点催生了有关它是机电计算机还是电子计算机的争议。其实，一台计算机是否为电子计算机，主要取决于它的计算部件。即使现今的计算机，也用到了许多机电部件，如鼠标、键盘和电源开关，这类用于人机交互的部件不应作为机器类型的判据。

ABC 有着许多现代计算机的特点，如采用二进制数据、并行处理任务和具有计算–存储分离的结构。但它是专用的、不可编程的，更达不到图灵完备，因此还不属于现代计算机的范畴，这为后来 ABC 与 ENIAC 的"第一之争"埋下了伏笔。

4.2.3　巨人机：第一台可编程电子计算机

ABC 之后，ENIAC 仍未出场。1943 年，电子时期的第 2 个重要角色诞生在图灵所处的布莱切利园。

1. 研制背景

1941 年 6 月，意识到谜机可能已被破解的德军启用了一种复杂度更高的加密系统，并且这次英国没能拿到相应的机器，布莱切利园里的密码学家们要和一个完全未知的强大敌人抗争。在听闻德国人用一种海鱼的名字称呼这套系统后，布莱切利也给它起了个绰号——"金枪鱼"。

1941 年 8 月，"金枪鱼"的操作员由于一时疏忽将同一条信息发送了两遍，虽然两条密文并不一样，但布莱切利园里经验丰富的密码学家们在截获之后立马意识到它们指向同一条明文。这个小小的错误被这里绝顶聪明的密码学家们牢牢抓住，他们据此精准地推测出"金枪鱼"的组成结构和工作原理。如图 4.21 所示，它包括 12 个谜机那样的转轮，每个转轮的旋转模式各不相同，每个转轮上导电触点的数量也不一样，导电触点可以在接通和断开两个状态之间切换，使用前可改变各触点的状态和转轮的起始位置。

图 4.21 "金枪鱼"及其转轮导电触点的特写[1]

和谜机的字符级加密不同，"金枪鱼"进行的是编码级加密，当时的电传打字机使用 ITA2 码制和 5 位二进制对单个字符进行编码，"金枪鱼"将这些二进制位与特定的二进制密钥进行"异或"运算后生成密文，如表 4.3 所示。"异或"是一种特别的逻辑运算，它是可逆的，明文和密钥"异或"之后生成密文，密文和密钥"异或"之后又可以得到明文。这就是"金枪鱼"加密和解密的基本原理。

---

① 图片来自维基百科。

表 4.3 "异或"运算后生成的密文

ITA2 码	密钥	密文
0	0	0
0	1	1
1	0	1
1	1	0

为了破解"金枪鱼",不仅要猜出转轮上所有导电触点的通断状态,还要猜出各转轮的起始位置,其组合数量之大,既远远超出了人力处理的能力范围,也令炸弹机这类机电设备不堪重负。布莱切利园里的密码学家们急需一种更高速的解密机器,电子管成为不二之选。

研制电子计算机的重任落在了位于伦敦西北角的邮局研究站上,该研究站有着丰富的电子通信经验,在布莱切利园里的部分密码学家对电子管的可靠性还抱有疑虑的时候,邮局研究站的工程师早已对电子管的大规模应用驾轻就熟。1943 年 2 月,在图灵的推荐下,来自研究站的弗劳尔斯扛起了这面大旗,其肖像如图 4.22 所示。虽然布莱切利园里的一部分人认为"等机器造好战争怕是早就结束了",但是弗劳尔斯带领 50 人的团队仅用 11 个月就完成了第一台原型机的制作。1944 年 1 月,当这台包含了 1500～1600 个电子管的"庞然大物"

图 4.22　弗劳尔斯的
肖像[1]

来到布莱切利园时,密码学家们被深深震撼了。它比他们之前使用过的任何计算设备都庞大得多,因而被形象地称为巨人机。

2. 组成结构与工作原理

巨人机有两种机型,1943 年的一型为 Mark 1,其建造过程中,弗劳尔斯就已经开始了第二型 Mark 2 的设计。Mark 2 包含 2400 个电子管,速度更快,功能更强,截至 1945 年 5 月 8 日,共建了 10 台。可惜的是,出于保密考虑,这些机器连同其图纸都在 20 世纪 60 年代被下令焚毁。如今我们在英国国家计算博物馆所能见到的,是后人在 1992—2008 年耗时 16 年重建的复制品,如图 4.23 所示。

---

[1] 图片来自维基百科。

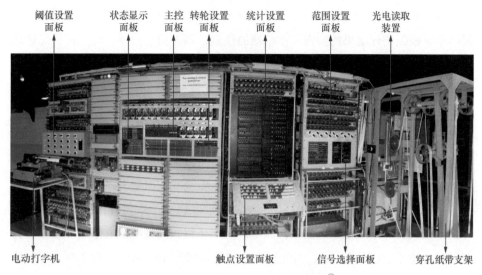

图 4.23　巨人机 Mark 2 的复制品 [1]

　　巨人机使用穿孔纸带输入密文，纸带每行有 5 个孔位，对应 ITA2 中的 5 位二进制。纸带长约 61m。机器共设有两个纸带支架，在一条纸带工作的时候，操作人员可以准备好下一条纸带，交替使用，以节省纸带更换的时间。由于机器内部没有数据存储模块，纸带的头尾相接，形成环状，以便循环读取。纸带的读取速度十分惊人——每秒 5000 行[2]，工作时发出的声音像湍急的流水声，纸带上的孔洞以近 44km/h 的速度"飞驰"。这得益于光电技术的应用，在纸带的一侧安装一个灯，另一侧安装 5 个并排的光敏探测器[3]，一个探测器负责一个孔位。当灯光穿过某个孔洞时，其对应的光敏探测器就能迅速发出电流脉冲，产生二进制信号 1；当灯光被未穿孔的孔位遮挡时，对应的光敏探测器就产生二进制信号 0。

　　巨人机基于图灵方法[4]，用电路模拟"金枪鱼"的转轮位置及其导电触点的通断状态。密文流入机器后，经过一系列以"异或"为主、以"与""或""非"为辅的逻辑运算，最终由电动打字机输出结果。这个结果当然不可能就是明文，而是各种统计数据，如某个字符出现的次数或者某些数值满足某种逻辑条件的次

---

① 图片来自维基百科。

② 测试时，工程师们发现纸的韧度最多可支持每秒 9700 行的读取速度。

③ 光敏探测器可以有多种类型，如光敏电阻（电阻值遇光迅速减小）和光电管（类似电子管，只是激发阴极电子的不是热而是光），都是基于光电效应实现的。

④ 由于图灵极高的历史地位，有些文献会误认为巨人机是图灵的作品，其实图灵并没有直接参与巨人机的建造，只是机器的实现用到了他的图灵方法。

数，有点像现在的数据挖掘。机器内有 5 个电子计数器，可同时统计 5 项数据。密码学家根据统计结果找到密文中暗藏的线索，调整机器程序，得到新的统计结果后继续分析，如此往复，一步步逼近最终的正确答案。

巨人机的可编程性是靠开关、旋钮和接插线板实现的。其开关可以上下拨动，分别接通两个不同的功能线路，多数开关还可以拨到中间，使两个线路都断开。其旋钮用于置数，10 个位置依次对应整数 0 ～ 9。

巨人机的编程本质上是一组选择，选择每个开关和旋钮的位置，选择接插线板上每个导电孔的通断。这些选择对象分布于多块操控面板上。

范围设置面板（如图 4.24 所示）包含 12 个旋钮（每个旋钮可指向 10 个位置），每组可以设置一个 4 位十进制数。其中两组用于设置纸带的读取范围（起止位置分别用 4 位十进制数表示），当使用者比较关注纸带上的某一段密文时，可以让机器循环读取这一段，而不是整条纸带。

图 4.24　巨人机的范围设置面板

信号选择面板（如图 4.25 所示）可以对输入信号进行筛选，如选择使用哪一个支架上的纸带，选择将数据还是数据的变化量（图灵方法需要的参数）传送给逻辑运算单元。

统计设置面板（如图 4.26 所示）包含很多开关。左上方 5 × 10 的开关用于指定需要统计的字符，右上方 5 × 10 的开关用于指定每个统计值所对应的计数器，左下方 5 × 5 的开关可以设置统计多个字符出现的次数总和，右下方 5 × 5 的开关用于指定这些总和统计值所对应的计数器。

触点设置面板（如图 4.27 所示）为接插线面板，包含 10 行槽位。第 1、3、5、7、9 行用于设置"金枪鱼"中 5 个转轮上导电触点的通断状态，1 个槽位对应 1 个触点；第 2、4、6、8、10 行用于更复杂的模式。

转轮设置面板（如图 4.28 所示）为接插线面板，包含 12 行槽位，用于设置"金枪鱼"中 12 个转轮的起始位置，以第几个触点作为起始位置就在第几个槽位插上插头。

图 4.25　巨人机的信号选择面板

图 4.26　巨人机的统计设置面板

图 4.27　巨人机的触点设置面板

图 4.28　巨人机的转轮设置面板

主控面板（如图 4.29 所示）包含很多开关，用于设置机器的各种运作方式，如设定"金枪鱼"转轮在什么条件下旋转。

图 4.29　巨人机的主控面板

状态显示面板（如图 4.30 所示）包含上下两组指示灯。上侧一组包含 10 行指示灯，用于显示 5 个计数器的当前值（每 2 行对应 1 个计数器）；下侧一组包含 12 行指示灯，用于显示"金枪鱼"中 12 个转轮的当前位置，它们可能是静止的，也可能是不断变化的，这取决于主控面板的设置。

阈值设置面板（如图 4.31 所示）包含 20 个旋钮和 5 个开关。机器的统计量很大，为了便于分析，人们可以设定统计值高于或低于某个阈值时才通过打字机输出。每个计数器对应 4 个旋钮（阈值表示为 4 位十进制数）和 1 个开关（选择"大于"还是"小于"）。

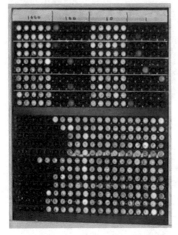

图 4.30　巨人机的状态显示面板

图 4.31　巨人机的阈值设置面板

可见，巨人机的使用十分灵活而复杂，需要两名操作人员协作完成。布莱切利雇用了当时皇家海军女子勤务队的成员来操作机器，而密码学家们则专注于算法设计和结果分析。

3. 后话

1944 年 6 月 1 日，第一台 Mark 2 巨人机正式交付，如期赶上了重大的诺曼底登陆战役。德军万万没有想到，他们引以为傲的机电式"金枪鱼"面对的是领先了一个时代的电子计算机。巨人机成功地破解了德军密码，为战役的最终胜利做出了不可磨灭的贡献。

由于涉密，巨人机的知名度比 ABC 更低，其存在直到 19 世纪 70 年代中期才被公开。1983 年，78 岁的弗劳尔斯专门撰写了一篇论文——"巨人机的设计"，当时他发现自己已经很难记起机器的许多细节，在采访了当时团队中一部分在世的工程师后才最终写成。

巨人机是世界上第一台可编程计算机，但它是专用的，不具有图灵完备性。旧金山大学的一位教授于 2009 年证明，将 10 台巨人机以某种方式组合之后可以达到图灵完备。但这种证明其实意义并不大，巨人机本身是为完成特定任务而设计的，弗劳尔斯也承认在建造它时从没想过现代计算机是什么模样的，甚至还没听说过有人用"computer"来称呼机器。

尽管如此，巨人机对电子计算的探索十分成功。

4.2.4 ENIAC：第一台通用电子计算机

1. 研制背景

计算是现代化武器的"灵魂"。

一颗看似做着简单的自由落体运动的炮弹其实在出发前就被设定了精确的飞行轨道。弹道的计算十分复杂，发射速度和角度的确定不仅要考虑炮弹本身的类型和炸药特性，还要考虑风向、风速、气压、气温、湿度等环境因素，作战时在瞬间完成这些因子的综合分析显然不是人们能够轻易做到的。因此，科学家会在发射炮弹前为炮手准备好一份弹道表，炮手对照表中参数操作火炮，炮弹便基本能落到指定的目标点。

于是在"二战"期间，军方遇到了和当年人口调查一样的难题，每种型号的炮弹都需要计算 2000 ～ 4000 条弹道，每条弹道都涉及复杂的微积分运算，转换成四则运算平均涉及 750 次乘法和更多次加减法，普通计算员使用机械计算器平均需要 20 小时才能算完。多种新型火炮的投入使用给美国陆军的弹道研究实验室带来了很大的制表压力，他们雇用了 100 多名女计算员，以满足阿伯丁实验场每天 6 张弹道表的需求。实验室人员很快意识到，他们急需一台强大的计算机器。

这个创造历史的项目交给了与弹道研究实验室相距仅 120km 的宾夕法尼亚大学莫尔电气工程学院。其实论起资历与声望，更远的麻省理工学院会是更好的选择，但莫尔学院"近水楼台先得月"，早就与弹道研究实验室建立了友好的合作关系，那些计算弹道的计算员就是由莫尔学院负责培训的。

1937 年，费城一位名为埃克特的天才少年收到了梦寐以求的麻省理工学院录取通知书。其肖像如图 4.32 所示。但他的母亲不希望自己唯一的儿子离家太远，他的父亲则不希望他学理工，还骗他说麻省理工的学费高昂，支付不起，百般无奈之下，埃克特只好"屈就"于宾夕法尼亚大学的金融学院。不多久，对金融实在提不起兴趣的埃克特寻求转专业的机会，可是他最想去的物理系已经招满了，无奈下，他来到了莫尔学院。那时的埃克特并不会料到，正是这个地方给了他名垂青史的机会。

图 4.32　埃克特的肖像[1]

1943 年 6 月 5 日，莫尔学院和弹道研究实验室所属的陆军军械部签订了 40 万美元的研制合同，年轻的埃克特虽然还是一名在读研究生，但因为杰出的专业能力被任命为项目总工程师。

这个项目研究的计算机就是大名鼎鼎的电子数字积分计算机（Electronic Numerical Integrator and Computer，ENIAC）。由于是为了处理弹道计算中的微积分而设计的，起初，它的名字是电子数字积分器（Electronic Numerical Integrator），但由于它的通用性，后来被用于各种其他计算，才有了后来追加的"and Computer"。

和埃克特搭档的是年龄大他一轮的约翰·莫奇利，其肖像如图 4.33 所示。时年 36 岁的莫奇利已是乌尔辛纳斯学院（同在宾夕法尼亚州）的物理系主任，拥有约翰斯·霍普金斯大学的物理学博士学位。他被委任为 ENIAC 项目顾问，由于教学工作不能投入全部精力，但只要一有时间就会投入项目里，最终出色地完成了 ENIAC 的总体设计，与主要负责工程实现的埃克特并称为"ENIAC 之父"。他们共同领导莫尔学院 50 人的团队，一个主理论、一个主工程的黄金搭档模式像极了实现 ABC 的阿塔纳索夫和贝里。

图 4.33　约翰·莫奇利
的肖像[2]

ENIAC 于 1945 年年底竣工，在 1946 年 2 月 14 日正式亮相，并于次日交付。它的最终造价是 48.7 万美元。

---

① 图片来自网络。

② 图片来自网络。

2. 组成结构与工作原理

ENIAC 比巨人机更加庞大，总长约 30m，高约 4m，厚约 0.9m，占地约 167m²，需要布置在一个很大的房间中，如图 4.34 所示。这台重达 27t 的"电子巨兽"体内大约包含着 18000 个电子管、70000 个电阻、10000 个电容和 1500 个继电器，以及 500 万个焊接点，每小时消耗 150kW·h 的电量。其功耗之大，一度引起夸张的谣言：ENIAC 一启动，整个费城的灯光都要暗下来。

图 4.34　ENIAC[①]

ENIAC 主要由 40 块模块化的功能面板组成，贴着机房的 3 面墙壁呈 U 形排布，面板之间通过下侧的接插线板相连，如图 4.35 所示。它们的相对位置不是固定的，可根据使用需要或习惯进行调换。此外，有 3 台可移动函数表装置通过接插线板与这些面板相连，读卡器和穿孔机直接连接至输入和输出模块的面板。

初始化模块负责完成整台机器在开始使用前的所有准备工作，如机器上下电和累加器清零等。

时钟周期模块是同步机器所有模块的关键，以每 10μs 一个电脉冲的频率指挥各元器件工作。

主编程模块占据两块面板，其上分布着密密麻麻的旋钮，使用者可以在此进行编程，设置各个电信号的走向和先后顺序。如果把匆忙的电信号比作车辆，主编程模块就好比引导着车流的交警，车驶到不同模块就如完成不同的命令。同

① 图片来自维基百科。

时，交警将这些车流按段划分，以车流段为单位指挥交通，安排它们的"执行"次序，就实现了所谓的结构化编程，即程序不再只能从头到尾按顺序结构执行，而可以按条件分支或循环分支等复杂结构执行。

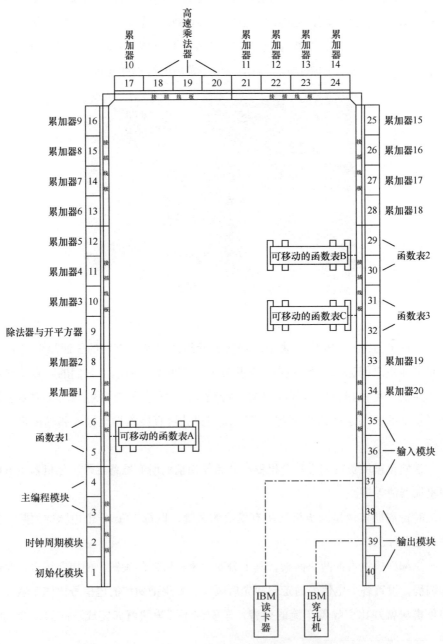

图 4.35　ENIAC 在莫尔学院的模块分布示意图（俯视）

在图 4.36 中，两位程序员之间的 4 块面板分别为 1 个初始化模块、1 个时钟周期模块和两个主编程模块。

图 4.36　程序员与 4 块功能面板 [1]

函数表有 3 个，每个占据两块面板，通过其上的旋钮可以预置一些供其他模块反复使用的常数。这样的常数可不少，因此又添置了 3 台可移动的函数表装置（图 4.36 右侧即为一台可移动的函数表装置），每台有 1456 个旋钮。可移动的函数表不仅可用于扩充 3 个固定的函数表，还可以直接与其他模块相连，供其查表。一次查表的耗时是完成加法的时间的 5 倍。

累加器有 20 个，每个累加器可存放 1 个 10 位长度的十进制数（包括负数）供其他模块使用，两个累加器连接可组成一个支持 20 位十进制数的大累加器。每当从其他模块接收到数据时，累加器将其累加到当前存储的值上，故名累加器。累加器之间可互相传递自己存储的值，以此实现加法；也可传递值的补码，以此实现减法，因此 ENIAC 没有加减法的功能面板。一次数据传输或加减运算耗时 200μs，这个时间称为"加法时间"，是讨论 ENIAC 运算速度的基准时间。

比起诸多早已使用二进制或混合编码的前辈，仍然使用十进制的 ENIAC 就显得有些落后了。埃克特和莫奇利从机械计算器中的十齿齿轮获得灵感，用 10 个逻辑电路存储 1 个数位，分别表示整数 0 ～ 9，同一时间只有 1 个电路导通，以表示该数位上的值。这意味着，每个累加器需要 100 个这样的电路。虽然比较

---

[1] 图片来自维基百科，图中两位女程序员分别是贝蒂·吉恩·詹宁斯（左）和弗朗西丝·比拉斯（右）。

浪费，但至少降低了设计难度。

高速乘法器占据 3 块面板，一次 n（$n \leq 10$）位数乘法的耗时是（$n+4$）次加法的时间。之所以强调"高速"，是因为它不是靠重复加法实现乘法的，而是直接查找预置在函数表里的部分积，然后将它们加起来。

除法和开平方运算支持 20 位数，它们都是靠重复减法实现的，因此它们共用一块功能面板。一次除法或开平方运算的耗时取决于计算结果的位数，当结果为 n 位时，平均耗时为 $13n$ 次加法的时间。

数据的输入 / 输出设备是现成的 IBM 读卡器和穿孔机，分别受控于输入模块和输出模块。每张穿孔卡片可存 8 个 10 位十进制数，读取一张卡片需要 0.48s，穿孔一张卡片需要 0.6s。输入、输出模块分别占据 3 块面板，均使用继电器来临时存储数据，它们是连接机器外部和内部的数据缓存池。比起内部的运算速度，读卡和制卡速度比较慢，所以没有必要使用电子管，毕竟继电器要便宜得多。

3. 后话

就这样，ENIAC 带着空前的计算能力出现了，计算一条弹道仅需 30s，速度是人的 2400 倍。ENIAC 团队毫不夸张地说道："我们得出弹道所需的时间比导弹实际飞行的时间还要短。"不过此时，"二战"已经结束，ENIAC 并没有达成最初被寄予的厚望。好在莫奇利的设计是图灵完备的，人们很快为 ENIAC 找到了其他"用武之地"，如气流分析和天气预测等，最重要的是在氢弹研制中的应用。

起初，ENIAC 的可靠性非常糟糕，每天都会烧坏几个电子管，机器几乎只有一半时间能正常工作，剩下的一半时间都在寻找和替换这些罢工的电子管。不多久，工程师们发现电子管在工作期间的可靠性其实很高，只在加热和冷却阶段容易失效，而弹道研究实验室为了节省能源和值班人力，每天夜里都会将它关机，却不料捡了芝麻丢了西瓜。保持常开机后，ENIAC 的可靠性大幅提升，平均每两天才有 1 个电子管失效，并且只要 15min 就能找到失效的电子管。ENIAC 持续运行时间最长的一次是在 1954 年，它运行了 116h。

ENIAC 使用了大量电缆，为了防止老鼠啃咬上面的绝缘层，工程师们想到了一个很有意思的办法：将裹着各种绝缘材料的电缆一起扔到老鼠面前，观察哪种材料是老鼠不爱吃的，就选用这种材料的电缆。

ENIAC 的存储能力几乎为零，20 个累加器只够存放几类基础运算所需的参数和结果，对于复杂问题，使用者往往不得不将中间结果输出到穿孔卡片。因此，ENIAC 的程序和巨人机一样是存放于旋钮和接插线板上的，尽管在研制过程中，存储程序的概念已经萌生，但机器的存储容量并不允许他们将程序"塞"进累加器里，而进度上的压力又不允许对此再做改动。结果是，ENIAC 团队在兼具技术和想法的情况下，不得已把"第一台存储程序计算机"的名头乃至存储程序思想提出者的身份拱手让人。

ENIAC 有着比巨人机更多的旋钮和接插线孔位，在它上面编程十分复杂。ENAIC 最早的 6 位程序员（如图 4.37 所示）是从莫尔学院培养的女计算员中选拔出来的，她们不但聪慧过人，而且细致耐心。经过一段时间的学习，她们对 ENIAC 的工作机制了如指掌，将数学家们的想法精准地转换为旋钮和接插线的位置组合。她们的认真与细致大幅减少了 bug 的出现，是 ENIAC 正常运行的重要保障。1946 年 2 月 14 日，ENIAC 第一次公开演示的程序就出自她们之手。ENIAC 之后，她们还参与到其他具有历史意义的计算机项目中（如最早的商业电子计算机 UNIVAC 和 BINAC），继续发挥着不可替代的作用。

然而，当时可怕的偏见剥夺了她们应得的认可和尊重，ENIAC 的交付仪式和庆功宴的筹备人员甚至没有邀请她们中的任何一位。在当时的人们眼中，她们和使用机械计算器的计算员并没有什么不同，甚至曾被视为站在 ENIAC 旁边的模特。如果要说贡献，那就是为男性省下了更多的时间和精力，以从事更有技术含量的工作罢了[①]。

1997 年，6 位程序员入选国际科技女性名人堂，历史最终为她们正名，可惜的是，其中有 1 位没能在有生之年等到这一天。让我们记住她们的名字，图 4.37 从左至右依次为凯瑟琳·安东内利、贝蒂·吉恩·詹宁斯、弗朗西斯·伊丽莎白·霍尔伯顿、马琳·梅尔泽、弗朗西丝·比拉斯、露丝·泰特尔鲍姆。

1947 年 6 月 26 日，埃克特取得了 ENIAC 的专利。阿塔纳索夫对此大为震惊，他与莫奇利在美国科学促进会（AAAS）1940 年的冬季会议上认识，并在第二年邀请莫奇利前去参观他们正在研制的 ABC，两人就计算机的设计做了一星期的深入交流。这意味着，莫奇利很可能从 ABC 中得到了许多启示。而长久以

---

① 在那个年代，包括计算机研制在内的高科技工作都是由男性承担的。

来，人们都误认为第一台电子计算机是 ENIAC，而对 ABC 一无所知。1967 年，美国两家公司为此打了一场官司，经过长时间的取证和前后共 135 天的听证会，法院最终在 1973 年 10 月 19 日宣布 ENIAC 的专利——这份长达 207 页、凝聚了无数智慧和心血的专利——无效。这称得上是一次著名的"冤假错案"了，毕竟此前阿塔纳索夫并没有为 ABC 申请专利，而打官司的也不是 ABC 和 ENIAC 的设计者本人。最重要的是，ENIAC 实现了许多 ABC 没有的功能，并且切实地投入了实际应用。ABC 实至名归是第一台电子计算机，而 ENIAC 是第一台通用电子计算机，两者并无冲突。

图 4.37　最早操作 ENIAC 的 6 位女程序员[①]

1955 年 10 月 2 日，运行了近 10 年的 ENIAC 正式退役。如今，其部件分散藏于宾夕法尼亚大学、美国陆军军械博物馆、美国计算机历史博物馆等。1995 年，宾夕法尼亚大学出资在一块长 7.44mm、宽 5.29mm 的芯片上实现了 ENIAC 的全部功能（如图 4.38 所示），完成了一次寓意深远的隔空致敬。

图 4.38　芯片上的 ENIAC[②]

---

① 图片来自维基百科。

② 图片来自维基百科。

4.3 体系结构大统一

4.3.1 从存储程序到冯·诺依曼结构

机电时期，人们使用穿孔卡片或穿孔带编制程序，因为计算机的运算速度受限于机械动作，所以输入模块有充分的时间读取穿孔介质上的指令信息。而到了电子时期，使用穿孔输入就远远跟不上电子运算的节奏了，因此，人们便利用旋钮、开关和接插线的不同位置来表示程序。这虽然消除了控制与运算之间的速度差距，但是使编程成为一件非常复杂的难事。在 ENIAC 上设置一个实用程序，往往需要几个星期的时间，如非必要，使用者很少愿意修改它。因此，尽管 ENIAC 是通用的，但是它总在一段时间内只专用于某个问题（如弹道计算），它的通用价值被大大削弱。而如果频繁地设置不同程序，机器在很大一部分时间里将无法运行，它的高速性能又将被大大浪费。

程序能不能像数据一样，通过穿孔介质输入之后长期存储在机器内部的存储器中呢？这样一来，读取指令就和读取数据一样快了。

埃克特和莫奇利想到了这一点，1944 年，在 ENIAC 还未建成之际，他们就把研制一台可以存储程序的新机器的申请提交到了弹道研究实验室。弹道研究实验室同意了这个项目，并提供 10 万美元的预算。这台新机器名叫离散变量自动电子计算机（Electronic Discrete Variable Automatic Computer，EDVAC）。

原本，EDVAC 会和"前辈"ENIAC 一样，悄悄地建成，风光地亮相，它将成为世界上第一台存储程序型电子计算机，埃克特和莫奇利将为它申请一份专利，而这次不会再有谁质疑他们的原创性。然而，故事并没有朝着这条既定路线展开，一位不期而至的"程咬金"使他们的原创变得不再纯粹，甚至遮盖了他们应有的名气。他就是大名鼎鼎的冯·诺依曼，其肖像如图 4.39 所示。

在所有计算机先驱中，冯·诺依曼拥有着较高的知名度，但其实他的主要成就在其他领域。他是

图 4.39　冯·诺依曼的肖像[1]

---

① 图片来自维基百科。

一位伟大的数学家，在集合论、逻辑学、博弈论、代数学、几何学和拓扑学等各大分支都有卓越贡献，一生发表的 150 多篇论文中，有 120 多篇是数学论文。他还是一位物理学家，在量子力学和流体动力学中颇有建树。他同时还是化学家和经济学家，是一位令多数同行都心生敬佩的博学者。

他 6 岁就能心算 8 位数除法，8 岁便熟知微积分，22 岁获得布达佩斯大学数学博士学位。他能一字不差地背诵出曾经看过的名著、电话本，所知的历史知识甚至令普林斯顿大学的历史学教授都自愧不如。其心算能力和记忆力之强，曾令某位 ENIAC 小组的数学家感叹："还造什么计算机，他本身就是一台计算机！"

在与冯·诺依曼接触过的人中，越是高学识者越惊叹于他的超群智力。苏黎世联邦理工学院的教授乔治·波伊亚用"害怕"来形容自己对冯·诺依曼的感受，因为只要他在课堂上提到数学界的某个未解难题，冯·诺依曼很可能一下课就拿着完美的解答去和他讨论了。"原子能之父"恩利克·费米曾向曼哈顿计划的同事这样形容冯·诺依曼的心算能力："他的心算速度是我的 10 倍，而我的心算速度已经是你的 10 倍了。"加拿大数学家海尔·比林则感叹："想赶上冯·诺依曼是不可能的，那种感觉就好像你骑着三轮车妄图追上汽车一样。"诺贝尔物理学奖获得者汉斯·贝特则不止一次半开玩笑地说："冯·诺依曼的大脑暗示着有比人类更先进的物种存在。"

"二战"期间，冯·诺依曼加入曼哈顿计划，此时的他已经拥有极高的学术地位。原子弹的研制涉及大量运算，美国洛斯·阿拉莫斯国家实验室在体验过机电计算机 Harvard Mark I 之后，对 ENIAC 寄予了更高的期望。1944 年的夏天，冯·诺依曼作为顾问加入 ENIAC 项目，提出了许多建设性意见，并深度参与到了 EDVAC 的讨论中。

冯·诺依曼在 EDVAC 上投入了许多精力后，他越来越觉得，EDVAC 不单是一个平凡的计算机项目，它潜藏着更深的理论意义。他想起图灵的论文，通用图灵机能够根据纸带上的策略信息模拟任意图灵机的行为，若纸带是存储器[①]，策略信息就是程序，这正是存储程序最早的思想萌芽。而他们现在所尝试的，正是用电子管将它变成现实！ 1945 年 6 月，在一趟返回美国洛斯·阿拉莫斯国家实验室的列车上，完整的 EDVAC 已在冯·诺依曼脑中形成，他奋笔疾

---

① 图灵机是一种抽象机器，图灵在提出它时并不考虑如何实现它。它所用的纸带可以映射为真实计算机用于输入与输出的穿孔纸带，也可以映射为存储器，兼具两者功能，但其发挥的作用更偏向于后者。

书，写出了那篇长达 101 页、影响计算机历史走向的《EDVAC 报告书的第一份草案》。

草案不仅详述了 EDVAC 的设计，还为现代计算机的发展在以下方面指明了道路。

- 机器内部使用二进制表示数据。
- 像存储数据一样存储程序。
- 计算机由运算器、控制器、存储器、输入模块和输出模块 5 部分组成。

这些在现在看来似乎是理所应当的原则，在当时却是一次划时代的总结。这份草案与其说是冯·诺依曼对 EDVAC 的设计描述，不如说是他对当时全世界计算机建造经验集大成式的高度提炼。

冯·诺依曼将计算机与神经细胞类比，运算器、控制器和存储器相当于联络神经元，输入模块和输出模块相当于感觉神经元和运动神经元。通俗地讲，就好比人拥有可以思考（处理信息）的大脑，并通过"感觉"获取来自世界的信息，通过"运动"去改变世界。

这种基于存储程序思想的计算机结构后来被称为冯·诺依曼结构，如图 4.40 所示。冯·诺依曼结构奠定了现代计算机的基调，放到今天，运算器和控制器就是 CPU 的主要组成部分，存储器主要对应内存，输入和输出模块在芯片化后集成到主板，外部记录媒体包括硬盘、U 盘等。

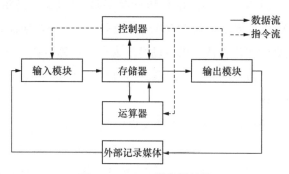

图 4.40 冯·诺依曼结构

这份草案很快流传开来，并轰动了整个计算机界，但草案作为 ENIAC 团队的共同成果，只署了冯·诺依曼一个人的名字。命运又一次和埃克特与莫奇利开了一个大玩笑，这不仅让 EDVAC 失去了巨大的专利价值，还让 ENIAC 团队失去了应得的声誉。尽管冯·诺依曼并非有意为之，埃克特和莫奇利也一再强调，即使没有冯·诺依曼，他们也能给出同样的成果，但"冯·诺依曼结构"实在太过经典，这个名词早已深入人心。

而在 EDVAC 的设计思想中，有多少属于埃克特和莫奇利，又有多少属于冯·诺依曼，是一个永远解不开的谜。但至少，如果没有冯·诺依曼将设计方案抽象至理论层面，计算机世界的"大一统时代"可能还会推迟到来。

如果说图灵描绘了计算机的灵魂，那么冯·诺依曼则框定了计算机的骨架，后人所做的只是不断丰富计算机的血肉罢了。

1948 年 4 月，ENIAC 团队通过线路改造使 ENIAC 函数表有了存储指令的能力，但其容量对于程序来说还太小了。实现存储程序的关键是建造容量足够大的内部存储器，既要有不拖累电子运算的访问速度，又要有相对低廉的成本。一时间，计算机界涌现出了各种不同的存储器。

4.3.2　SSEC：第一台具有存储程序特点的计算机

第一台涉及存储程序的计算机是由 IBM 独立于 ENIAC 和 EDVAC 完成的。还记得 Harvard Mark I 吗？就在建成它的同一年，没能如愿提高公司形象的 IBM 公司立即用 100 万美元，启动了自己的独立项目——顺序可选电子计算器（Selective Sequence Electronic Calculator，SSEC）。

SSEC 在 1947 年 8 月建成，并于 1948 年 1 月 27 日公开亮相。它是半电子、半机电的，由 12500 个电子管和 21400 个继电器组成，与其他计算机的速度差异使它注定没有太高的实用价值。世界已经步入电子计算时代，SSEC 的出现显得有些不合时宜，成了机电计算的"谢幕者"。它更像是 IBM 为了赌气和为了达到目的不惜代价的产物。

IBM 公司在纽约市热闹的麦迪逊大道上选了一栋楼，把 SSEC 装在一楼，并特地在墙上开了一扇巨大的窗户，好让路过的行人都能看到。ENIAC 启动后，此起彼伏的"嗒嗒"声响和忽明忽暗的指示灯给围观的行人留下了深刻印象，一时间，每当人们提到计算机，脑海中浮现出的就是这台 SSEC。IBM 公司终于如愿了。

1949 年的专利显示，SSEC 的架构允许程序存储于任意物理位置，如电子管、继电器和穿孔介质，因此它在理论上具有存储程序的特点。但在实现时，SSEC 的程序仍主要存储于穿孔带，每秒 50 条指令的访问速度使它的历史地位饱受争议。

4.3.3 ARC2：第一台存储程序型计算机

第一台真正的存储程序型计算机（也是第一台冯·诺依曼结构的计算机）出现在大西洋彼岸的英国。

1947 年，伦敦大学伯贝克学院一位名为安德鲁·唐纳德·布思正在研制一台用于研究 X 射线的机电计算机——自动继电器计算器（Automatic Relay Calculator，ARC）。布思在一次赴美的学术访问中接触到了冯·诺依曼，经过一番交流，他豁然开朗，回国后立即将 ARC 改成了冯·诺依曼结构，称之为 ARC2。

ARC2 于 1948 年 5 月 12 日投入使用，它主要由继电器构成，只含有少量的电子管，其存储器是表面覆盖着金属镍的滚筒状磁鼓，如图 4.41 所示。访美期间，布思发现美国人使用的录音机是在一种表面覆盖着磁性氧化物的圆形纸片上记录声音的，由于磁性物质具有南北两极，可以表示二进制数据，因此布思决定把它引入计算机中。但是圆形纸片太软了，在高速旋转时难以保持平整，布思便改用了不会变形的磁鼓。

图 4.41　第一个磁鼓存储器 [1]

ARC2 的磁鼓可以存储 256 个字长为 21 位的字，磁鼓表面被均匀地划分为

---

[1] 图片来自 *School of Computer Science & Information Systems: A Short History*。

5376 块小区域，每块小区域可存储一个二进制位。靠近磁鼓表面的地方有一个导电的读写头。当读写头中有电流经过时，由磁效应产生的磁场会将正对读写头的小区域磁化，即小区域中的金属镍整齐地将其南极（或北极）指向同一个方向；当电流的方向相反时，磁化的方向也就相反，两个方向分别表示 0 和 1。利用电磁感应原理，当磁鼓旋转时，磁化方向各异的区域将依次掠过读写头，读写头中就会产生方向不断变化的电流，便读到了二进制数据。

ARC2 成功使用后，布思创办了一家公司，专门生产磁鼓和其他计算机部件。磁鼓存储器一直风靡至 20 世纪 60 年代，直到被后来速度更快的磁心存储器替代。

4.3.4　曼彻斯特小型机：第一台存储程序型电子计算机

另一种和磁鼓同期出现的存储器十分另类，它的核心元件竟然是"大头电视机"里的阴极射线管。阴极射线管的本质是大一号的真空电子管，其不同之处在于阴极多了一把能将电子聚焦成束的电子枪，阳极则涂有荧光物质以显示图像。

但是，主要用于显像的阴极射线管和数据存储能有什么关系呢？当时已经有不少人开始往这个方向考虑了。麻省理工学院尝试用阴极射线管存储雷达信号，而正在构思 EDVAC 的埃克特也设想过阴极射线管存储器，只不过都处在实验乃至论证阶段，甚至还不确定其是否可行。

1945—1946 年，英国电信研究所一位名为弗雷德里克·卡兰·威廉斯的电气专家两次到访美国，接触到了使用阴极射线管制作存储器的新思路。回国后，他和助手汤姆·基尔本一起潜心钻研，并成功发明了最早的阴极射线管存储器——威廉斯管（或威廉斯-基尔本管），如图 4.42 所示。

威廉斯管中，电子束打到荧屏上构成了一个 32 × 32 的点阵，如图 4.43 所示。一个亮点代表一个二进制位，共可存储 32 个字长为 32 位的字。但是威廉斯管的存储原理与这些点的亮暗没有关系。

当荧屏上的某个点位被电子束轰击时，荧屏上的电子会被撞飞出去，但很快又被吸回，散落在该点位的四周。可以想象一下，如果我们在一张绷紧的薄膜上均匀地铺满米粒，然后用手指在薄膜下方猛地一弹，弹击点上的米粒就会飞起，接着在重力的作用下散落到四周，形成一个中间没有米粒但四周米粒堆积起来的"环形山"。此时荧屏上电子的分布也与此类似,这座由电子组成的"环形山"就代表 1。如果某个点位没有被电子束轰击,上面的电子分布仍然均匀,就代表 0。

图 4.42 威廉斯管 [1]

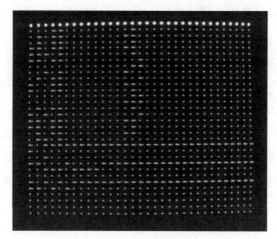

图 4.43 威廉斯管荧屏上的点阵 [2]

那么如何读取这个 0 和 1 呢?威廉斯和基尔本在荧屏的外侧放置了一块金属片,与荧屏构成电容差。仍然用电子束轰击需要读取的点位,如果该点位是 0,那么此次轰击就会形成"环形山",其间电子的运动会形成局部电流,从而在金属片上出现电压;如果该点位是 1,那么这里已经有"环形山"存在了,并且"环

---

① 图片来自维基百科。

② 图片来自 *Alan Turing and his Contemporaries: Building the World's First Computers*。

形山"的中间没有电子，轰击不会产生局部电流，金属片上便不会出现电压。由此，与金属片相连的读取电路就能区分荧屏上的二进制信息了。

麻烦的是，不论点位是 0 还是 1，读取之后其状态都会被轰击成 1，因此每读一次数据，就要紧跟着将它重写一遍。此外，其实"环形山"的持续时间非常短，"山上"的电子很快会滑下坡，以填平中间的坑，这一过程只需要 0.2s，因此每秒至少要对整块荧屏刷新 5 次。

在威廉斯管之前，不论在穿孔介质还是磁鼓上读写数据都有一个按序查找的过程。以磁鼓为例，当读写头没有正好处在所要操作的数位上时，就需要旋转磁鼓，直到遇到它为止，最糟糕的情况是要旋转磁鼓整整一圈。而威廉斯管可以通过改变偏转电场（或磁场），将电子束直接导向任意点位，从而拥有更快的读写速度。威廉斯管因而也成了最早的随机存取存储器。

1946 年 12 月，威廉斯被曼彻斯特大学聘为电气工程系的主任，基尔本和电信研究所的另一位同事杰夫·图特尔也跟随而去。为了验证威廉斯管的可行性，3 人决定建造一台简易的原型计算机——小型试验机（Small-Scale Experimental Machine，SSEM），也称曼彻斯特小型机（Manchester Baby）。

曼彻斯特小型机包含 550 个电子管，于 1948 年 6 月建成，是第一台存储程序型电子计算机，也是第一台冯·诺依曼结构的电子计算机。它长约 5.2m，宽约 2.24m，重 1t，如图 4.44 所示。曼彻斯特小型机使用了 3 个威廉斯管，除一个用于 32 字的存储器之外，另外两个分别用来临时存放中间结果和当前指令。读写一个字仅需 360μs，执行一条指令则耗时 1440μs。因为主要用于测试威廉斯管，所以曼彻斯特小型机在运算上只实现了减法和取反，不过其他运算可以通过编程的方式间接实现。

第一个测试程序出自基尔本之手，由 17 条指令组成，求解 262144（2^{18}）的最大真因数，具体步骤是从 262143 开始递减，一个个数试除，第一个能除尽的就是结果。这个程序运行了 52 分钟，共执行了 350 万次操作，威廉斯管成功通过了考验。

小型试验机之后，曼彻斯特大学在 1949 年 4 月建成了它的大型版本——曼彻斯特自动数字计算机（Manchester Automatic Digital Machine，MADM），也称曼彻斯特 1 号（Manchester Mark 1），如图 4.45 所示。曼彻斯特 1 号使用两个威廉斯管作为存储器，单个威廉斯管的容量扩大到 64 字，字长则增加到 40 位。

为了进一步扩大容量，曼彻斯特 1 号还加装了一个能存储 1024 字的磁鼓。控制器和运算器能直接访问威廉斯管，并在需要时，将磁鼓中的数据以 32 字为一组与威廉斯管进行置换。这种分级存储结构充分发挥了不同存储器各自在速度和容量上的优势，至今仍在使用，并一直是影响计算机性能的关键。

图 4.44　藏于曼彻斯特科学与工业博物馆的曼彻斯特小型机的复制品 [1]

曼彻斯特 1 号的成功建造促成了曼彻斯特大学和费兰蒂公司的合作，1951 年 2 月，费兰蒂 1 号问世，它是第一款商用的通用电子计算机。

图 4.45　曼彻斯特 1 号 [2]

---

[1] 图片来自维基百科。

[2] 图片来自维基百科。

4.3.5　EDSAC：第二台存储程序型电子计算机

除磁鼓和威廉斯管之外，当时还有一种令人称奇的存储器，它基于声学，名叫水银延迟线（或汞延迟线）。

"二战"期间，雷达在军事方面得到了广泛应用。它的工作原理与蝙蝠类似，通过天线发射电磁波，电磁波遇到物体会反射回来，根据这一来一回的时间差，推算物体与电磁波发射点的距离；如果物体在移动，根据多普勒效应，推算它的移动速度。移动的物体是雷达关注的重点，但事实上它扫过的区域内大部分物体是静止的，如果不做过滤，代表它们的许多亮点会显示到屏幕上，干扰使用者对移动点的观察。

为了过滤这些被静止物体反射回来的无用信号，人们将接收天线持续收到的信号分成 A 和 B 两路，A 路信号直接到达显示器，而 B 路信号则必须要通过一个"路障"才能到达显示器。这个"路障"的作用是减缓 B 的行进，使它比 A 延迟一段时间。信号在电路中的传递速度是极快的，要拖慢它，我们可以将它转换成其他形式。人们首先想到的是声音，让 B 在途中以声音的形式传递一段距离。想象一下，两名难分伯仲的运动员进行百米赛跑，其中一名的跑道中间有一段泳池，他不得不以游泳的形式越过它，自然就比对手慢了许多。这个让 B 以声音的形式"游泳"的"路障"就是水银延迟线，如图 4.46 所示。

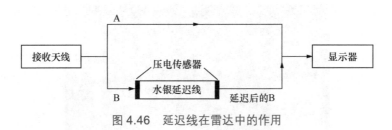

图 4.46　延迟线在雷达中的作用

当 B 到达延迟线的入口时，一种名为压电传感器的电－声转换器件就会将它转换为声波。当声波传播到延迟线的出口时，压电传感器再将它转换回电信号。通过精心调整延迟线的长度，我们可以让 B 正好比 A 慢半拍（（$n+0.5$）个信号周期）。这意味着，它们的波形相互颠倒。当信号来自静止的物体时，其频率始终不变，A 和延迟后的 B 汇合后将自动抵消；当信号来自移动的物体时，因为来自移动的物体的信号会不断变化，A 和延迟后的 B 汇合后无法完全抵消，部分信号就有幸显示到了显示器上。

那么，用作信号"路障"的延迟线和数据存储有什么关系呢？其实最早将两者联系到一起的正是为 EDVAC 设计存储系统的埃克特。

在一个电回路中，任意时刻都只能存在一位二进制信号。当下一位二进制信号产生时，前一位二进制信号就消失了。而有了延迟线，当前一位二进制信号还在水银中"游泳"时，就可以产生下一位二进制信号并紧跟着前一位二进制信号进入水银，它们可以同时存在于这个回路中。就这样，一连串信号排着长队在回路中有序地循环着，任意时刻只有其中一位二进制信号以电流的形式存在于延迟线之外。每一位二进制信号都从延迟线左端进入，从右端流出，经过整形、放大后，重新进入延迟线，如此循环，如图 4.47 所示。

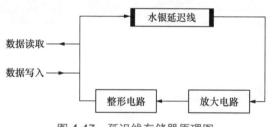

图 4.47　延迟线存储器原理图

水银不仅质量重，而且价格贵，有毒。另外，水银中的声速受温度影响较大，延迟线在 40℃ 的恒温环境下才能正常工作。那么，为什么还要选择水银呢？主要是因为它和石英材质的压电传感器有着相近的声阻抗，可以减少能量损耗和回声的产生。图灵曾提出，可以使用金酒（一种原产于荷兰的烈酒）代替水银，这非常有创造性。

第一台使用水银延迟线存储器的计算机是，英国剑桥大学在 1949 年 5 月研制成功的电子延迟存储自动计算器（Electronic Delay Storage Automatic Calculator，EDSAC），如图 4.48 所示。这台在缩写上与 EDVAC 仅相差一个字母的机器是史上第二台具有冯·诺依曼结构的存储程序型计算机，它使用了 16 条水银延迟线，每条可存储 32 个字，每字 18 位。由于每个字的最后一位用作两个字之间的间隔符，因此单字实际可用 17 位。如果字长不够，需要两个字组合使用，则双字实际可用 35 位。

而 EDVAC（如图 4.49 所示）到了 1949 年 8 月才得以交付，而且还存在问题，直到 1951 年才能正常使用，早已被许多习得其思想的计算机超越。它使用了 128 条 58cm 长的水银延迟线，每条可存储 8 个字，每字 44 位。

图 4.48　EDSAC[①]

图 4.49　EDVAC[②]

4.4　现代计算机的细胞

尽管电子管将计算机的发展带入了一个崭新的时代，但电子管有体积大、寿命短、能耗高、不稳定、无法标准化生产等缺点。世界各地的计算机科学家都清晰地意识到，即使计算机的发展有终点，那也一定不是电子管计算机。

为此，计算机科学家们为计算机寻求到一种更适合的新"细胞"——神奇的晶体管。

4.4.1　从半导体到晶体管

任何物质都有或高或低的电导率。电导率高到一定程度的是导体，如金属和电解质溶液；电导率低到一定程度的是绝缘体，如塑料和橡胶；电导率介于导体和绝缘体之间的就是半导体，如硅、锗和砷化镓，它们的处境十分尴尬，用于导电，效率太低，用于绝缘又不够安全。但从 19 世纪 30 年代开始，科学家们陆续发现半导体在通电、加热和光照条件下的一些特殊性质，并开始利用其在整流和

---

① 图片来自维基百科。

② 图片来自维基百科。

光电转换方面的能力。然而，这些只是半导体应用的一个小的方面。科学家们在半导体中掺入一些物质，意外地发现它竟变成了导体，效果就像往不导电的纯水中撒一把食盐一样。

1947 年年末，贝尔实验室的 3 位物理学家——约翰·巴丁、沃尔特·布拉顿和威廉·肖克利基于半导体锗组装出第一个具有信号放大功能的点接触型晶体管（point-contact transistor），如图 4.50 所示。不过在专利审批时，美国专利局认为肖克利的研究方向与点接触型晶体管关系不大，便去掉了他的名字。肖克利身为组长却没有得到应有的回报，但他并没有因此而气馁，坚持在半导体领域攻坚克难，并在 1948 年发明出更实用的双极结型晶体管（Bipolar Junction Transistor，BJT），真正打开了半导体计算的大门。1956 年，3 人作为晶体管的先驱共同获得了诺贝尔物理学奖。

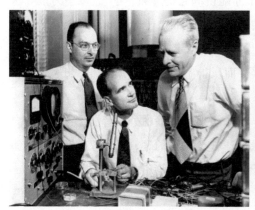

图 4.50　贝尔实验室的 3 位物理学家和他们的首个晶体管（1997 年的复制品）[①]

1. 半导体

BJT 的工艺十分精细、复杂，但它的原理不难理解。晶体管的名称源自制作它的半导体材料——晶体，晶体与非晶体不同，在微观层面有着规则的几何结构。以锗为例，它的晶体结构如图 4.51 所示。原子在立方体的中央，4 个外层电子各占一个角，每个外层电子都可以和其他原子的某个外层电子配对，形成稳定的共价键，从而组成更大的立方体。

---

① 图片来自维基百科。

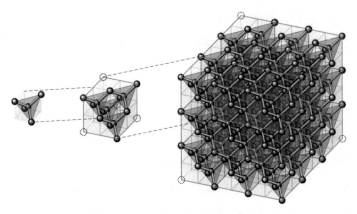

图 4.51　锗的晶体结构[①]

　　想象一下，每个原子都向外伸出 4 只"手"，每只"手"都握着一个电子，但是"手"太大，电子太小，两个电子才能占满它的一只"手"。原子为了寻求满足，它分别和 4 位友邻"牵手"，共享"手"里的电子，这样，每个原子的每只"手"上就都有了两个电子。这是一种十分稳定的结构，不但原子"心满意足"，而且成对的电子因为有了"伙伴"而玩得不亦乐乎，哪儿都不想去了，所以锗的电导率不高。

　　然而，这样的睦邻关系很容易被一些或慷慨或吝啬的外来者搅扰，如愿意分享 5 个电子的磷、砷、锑等，或者只愿分享 3 个电子的硼、铝、镓、铟等。当锗与前者"牵手"后，多出来的电子就会成为自由电子，由于电子带负（negative）电荷，这种化合物就称为 N 型半导体；当锗与后者"牵手"后，电子就不够用了，那些只有一个电子的"手上"出现了空穴，对临近电子有着很大的吸引力，那些已经成对的电子很容易"背叛"对方，挪到旁边有空穴的"手"上，由于空穴带正（positive）电荷，这种化合物就称为 P 型半导体。图 4.52 所示为 N 型与 P 型锗化合物的结构。

　　若将 N 型半导体置于电路中，自由电子便在原子的缝隙间沿着电压从低到高的方向流动；若将 P 型半导体置于电路中，成对的电子便不断被拆散去填补电压更高处的空穴，因它们离去而产生的新空穴则继续由电压更低处的电子来填充。如此，N 型和 P 型半导体都有着比纯锗更高的电导率。但这并没有太大的价值，直到肖克利将它们靠在一起。

---

① 图片来自维基百科。

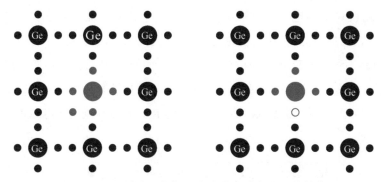

图 4.52　N 型（左）与 P 型（右）锗化合物的结构

2. 晶体二极管

　　N 型半导体中，接触面附近的部分自由电子会去填充 P 型半导体中接触面附近的空穴，从而在接触面上形成一个 P 侧带负电、N 侧带正电的电场，如图 4.53（a）所示；这个电场又阻碍了电子的进一步扩散，两个半导体中的电子与空穴达到了一种动态平衡的状态，如图 4.53（b）所示。这个接触面附近的电场区域就是人们常说的 PN 结。

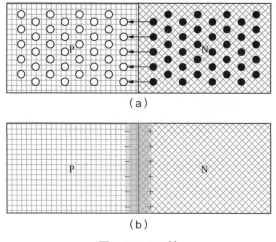

图 4.53　PN 结

　　当科学家给这块包含 PN 结的半导体披上玻璃、陶瓷或塑料制成的绝缘外衣后，它将以一根小管的形象面世——就是我们常说的晶体二极管。如果 P 端与电源负极相连，N 端与电源正极相连，如图 4.54（a）所示，那么在电源正极的吸引下，P 端和 N 端的电子都会堆积到右侧（对于 P 端来说，这等效于空穴堆积到左侧），PN 结的范围扩大，它的电场则阻止了 P 端的电子越过界线去往 N 端，从而使电路不通；如果 P 端与电源正极相连，N 端与电源负极相连，如图 4.54（b）所示，那么在电源正极的吸引下，N 端的自由电子顺势填入 P 端的空穴，它们从一个空穴跳到下一个空穴，直至从 P 端穿出，沿着导线进入电源正极，从而使电路导通。

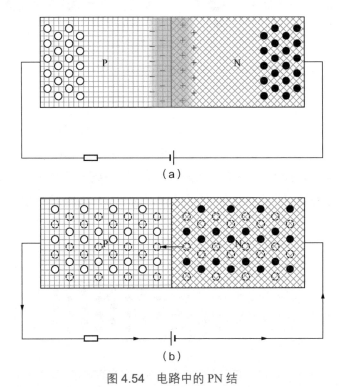

图 4.54　电路中的 PN 结

因此，晶体二极管和电子二极管有着相似的单向导通性，P 端等同于电子管的阳极，N 端等同于电子管的阴极。

3. 晶体三极管

而当把两个晶体二极管同极相对时，就得到了"三明治结构"（PNP 或 NPN）的晶体三极管。三极管的结构是对称的，当它进入电路后会发现，由于两个 PN 结的存在，不论如何调换电源的正负极，电子都无法从中穿越（电路无法导通），如图 4.55（a）所示（以 NPN 为例）。

　　然而，如果在 P 端和一个 N 端之间施加一个足以克服 PN 结的小电源，它们就构成了一个局部的二极管，如图 4.55（b）所示，电子从左 N 涌入 P 中，在局部电路中循环。同时，P 右侧的 PN 结在大电源电场的拉扯下变得越来越薄甚至发生了极性反转，涌入 P 中的多余电子顺势进入右 N 中，并推动右 N 中的自由电子朝电源正极行进，由此导通电路。

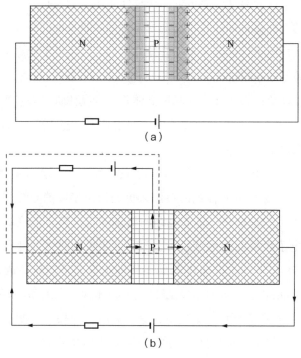

图 4.55　电路中的 NPN 三极管

　　因此，晶体三极管和电子三极管也有着相似的性质：释放自由电子的左 N 端为发射极，等同于电子管的阴极；接收电子的右 N 端为集电极，等同于电子管的阳极；而 P 端为基极，等同于电子管的栅极。

4.4.2　集成电路

1. 研制历程

　　1952 年，实用的晶体管问世不久，电子行业还盛行电子管，一家为石油行业提供地震勘探服务的公司以极其长远的眼光向贝尔实验室买下了晶体管的专利许可，并斥资数百万美元"押注"晶体管市场，可当年的年利润仅有 90 万美元。它就是如今的半导体巨头——德州仪器。

就在人们还对晶体管抱有迟疑态度时，德州仪器早已建成强大的晶体管生产线。1954 年 10 月，其首款晶体管收音机上市。当时美国普通家庭中的电子管收音机都像餐柜一样笨重，而晶体管收音机则袖珍到可以放进口袋，这种革命性的差距在当时引起了巨大轰动，晶体管的优越性从此深入人心。

世界各地的一些高校和计算机公司纷纷开始研制晶体管计算机，这些计算机被人们称为第二代电子计算机（电子管计算机是第一代电子计算机）。与此同时，晶体管也在实验室中不断进化。

在成分上，从锗改换为硅。比起锗晶体管，硅晶体管可以承受更高的温度和电压。而且硅广泛存在于岩石和沙砾中，如果地壳总重 100g，那么其中 28g 都是硅，可谓"取之不尽，用之不竭"。

在体积上，由于 PN 结的形成与晶体管的大小无关，因此晶体管越做越小。1952 年，一位名叫杰弗里·杜默的英国人更是提出了取消导线并将电子元件紧凑地放在一块板上的想法——集成电路的概念横空出世。但这对制作工艺的要求很高，整个电子界的人们翘首以盼，等了 6 年多的时间，世界上第一块集成电路终于在 1958 年 9 月由德州仪器的工程师杰克·基尔比完成，那是一块长 11.1mm、宽 1.6mm 的锗半导体，上面集成了晶体管、电阻和电容等元器件，如图 4.56 所示。在全人类的共同见证下，这项划时代的伟大发明被历史沉淀出不可估量的价值，基尔比因此获得了 2000 年的诺贝尔物理学奖。

图 4.56　杰克·基尔比肖像及第一块集成电路[1]

---

[1] 图片来自维基百科。

除德州仪器公司之外，另一家实力雄厚的半导体公司在集成电路的早期发展中扮演着举足轻重的角色，那就是大名鼎鼎的仙童半导体公司。这家公司在1959年研发了关键性的平面工艺，随后，它的创始人之一罗伯特·诺伊斯在1960年用硅发明了更实用的集成电路。从图4.58中可以看出，基尔比的集成电路并不完善，仍然用到了导线，诺伊斯的集成电路才是真正意义上的现代集成电路。两家公司在20世纪60年代都为集成电路的发明专利吵得不可开交。最终，法院判定两者的实现技术不同，基尔比和诺伊斯分别独立发明了集成电路，共享了"集成电路之父"的称号。

仙童半导体公司的来历很有意思。当时，肖克利眼看着德州仪器靠自己发明的晶体管赚得盆满钵满，内心很不是滋味，于是在1956年，他回到家乡加州圣克拉拉山谷，创办自己的公司。他招揽了8位能人（其中一位就是诺伊斯），对攻占市场充满信心。

起初，8位员工对肖克利十分敬仰，可经过一段时间的相处后发现，这位技术上的"巨人"是管理上的"矮子"，他那专横和偏执的作风令他们忍无可忍。更糟糕的是，在硅材料已经成趋势的大背景下，他仍死守着自己发明的锗半导体。8位员工终于在1957年选择集体离职，并成立了仙童半导体公司。肖克利痛骂他们是"8个叛徒"，他的发财梦破灭了，只好转卖公司，回归学术，受斯坦福大学之邀当了电气工程专业的教授。

肖克利虽然没能实现自己的宏图伟业，却无意间在圣克拉拉山谷播下了半导体的种子。这8个人在仙童半导体公司之后又兵分几路创办了其他公司（如英特尔），这些公司的雇员又很快创办了自己的公司（如AMD）。短短几十年间，这些种子像蒲公英般飘散到各处，繁衍出一片引领世界的茂密森林。这片"森林"就是如今的电子王国——硅谷。

2. MOSFET

1959年，就在集成电路和平面工艺相继问世的同时，贝尔实验室仿佛偷看了历史的剧本，正好研制出一种比BJT更适合集成的新型晶体管，它的名字很长，叫金属氧化物半导体场效应晶体管（Metal-Oxide-Semiconductor Field-Effect Transistor，MOSFET）。

和BJT一样，MOSFET在结构上也分为PNP和NPN两种类型，分别称作

P 沟道 MOSFET 和 N 沟道 MOSFET，两者原理类似，只是极性相反。

图 4.57 所示为 N 沟道 MOSFET，在一大块 P 型半导体衬底上，嵌着两块 N 型半导体[①]，它们的表面覆盖着一层绝缘的氧化物（如二氧化硅）。氧化物在正对 N 型半导体的位置被腐蚀出两个孔洞，以金属将其填充，各引为电极源极和漏极；两块金属之间的氧化物上另外再镀一块独立的金属，引为电极栅极。

结构说清了，MOSFET 全称中的"金属氧化物半导体"便有了着落。那么"场效应"是什么意思呢？这涉及它的工作原理。

仔细观察不难发现，N 沟道 MOSFET 的半导体部分在本质上就是一个 NPN 型的晶体管，若我们仅将源极和漏极与一个电源相连，它们之间是无法导通的。而此时，如果在栅极上施加一个相对衬底的高电压（如图 4.58 所示），那么 P 端的电子就会朝栅极涌去，在氧化物底部、两个 N 端之间堆积，这片区域的空穴被填满，甚至还多了不少自由电子，它不再是 P 型半导体，而成了 N 型半导体。尽管该区域是薄薄的一长条，但它足以连通两侧的 N 型半导体，这一长条区域叫导电沟道，此处就是 N 沟道。此时，3 块 N 型半导体化身为导线将电路导通。

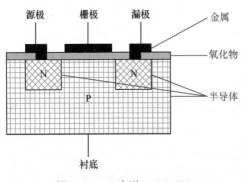

图 4.57　N 沟道 MOSFET

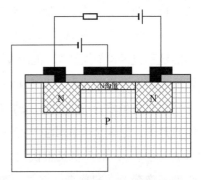

图 4.58　N 沟道 MOSFET 工作电路

尽管栅极和衬底之间的电路是不通的，但施于其上的电场效应引起了 N 沟道的形成，MOSFET 全称中的"场效应"也就水落石出了。

改变栅极上的电压，可以控制源极与漏极之间的电流大小乃至电路的通断，因而 MOSFET 同样可以用于放大器和逻辑电路。同时，比起 BJT，MOSFET 还有着诸多优势。

（1）栅极和衬底之间没有电流，能耗更低。

---

① P 沟道 MOSFET 则是在 N 型半导体衬底上嵌入两块 P 型半导体。

（2）只有一种半导体参与导电[①]，更稳定、可靠。

（3）源极和漏极是等效的，可以互换使用，结构更简单，使用更方便。

（4）最重要的是，集成工艺更简单，集成度更高。

MOSFET 问世后，包括 BJT 在内的其他晶体管几乎被碾压式地赶出了市场。1960—2018 年，MOSFET 的总产量占全球所有晶体管产量的 99.9% 以上。它的集成度有多高？一张 256GB 的 SD 卡（长 15mm，宽 11mm）上包含着 10000 亿个 MOSFET。

3. 摩尔定律

相比分立的电子元件，集成电路有着更低的功耗和更高的稳定性，其中单个元件的平均成本更低。集成电路的集成度越来越高，计算机的体积则越来越小，它最终获得了计算以外的能力，以不可思议的影响力改变着一切。

1965 年，与诺伊斯联手创立英特尔公司的摩尔无意中发现了集成电路的发展进程和时间的指数关系：每过一年，单个集成电路中的元件数量就会翻一番（而元件的平均单价会降低一半）。他预言，接下来的 10 年内，这个规律依然有效。到了 1975 年，他根据实际情况，将预测结果修正为每两年翻一番。后来人们统计发现，翻番的周期更接近 18 个月。这就是著名的摩尔定律，并没有多少科学道理，却始终影响着集成电路的发展轨迹。

图 4.59 展示了 1971—2019 年英特尔、AMD、苹果等公司各型微处理器芯片上的晶体管数量，从其大致趋势可见摩尔定律中的"翻番"是一种多么可怕的力量。由于 2000 年后的数据过于庞大，因此 2000 年前的数据看起来一直在"缓慢"增长。其实如果将其局部放大，它们也同样呈爆炸式的增长趋势，如图 4.60 所示。

不过，我们平时在一些资料上看到的有关摩尔定律的曲线往往是线性的，那是因为制图者在纵坐标上做了改变。通常，通过取对数，数据的指数增长等同于数量级的匀速增长，毕竟读者在主观上更容易通过线性趋势来判断它和摩尔定律的符合程度。以 10 为底，取晶体管数量的对数重制图 4.59，我们就可得到图 4.61 所示。

---

① 更准确地说，是只有一种载流子（电子或空穴）参与导电。而在 BJT 的导电过程中，电子和空穴都在运动，这也是其名中"双极"的由来，而 MOS 管属于单极晶体管。

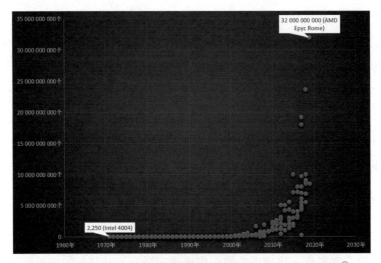

图 4.59　1971—2019 年各型微处理器芯片上的晶体管数量[1]

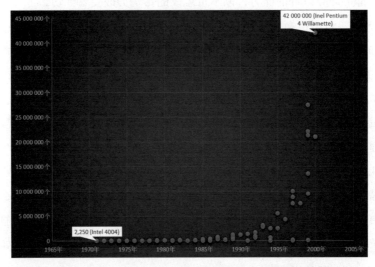

图 4.60　1971—2000 年各型微处理器芯片上的晶体管数量

　　有意思的是，摩尔定律早已从单纯的统计规律和预测手段演变成芯片行业所遵守的产品迭代规则，毕竟谁跟不上这"翻番"的节奏就将在市场上落后。为此，各大芯片厂商想方设法不断缩小 MOSFET 的尺寸。我们常在有关报道中听到芯片制程的说法，其实就是指 MOSFET 中栅极的长度（也称线宽），栅极越短，

---

[1] 1971 年，Intel 4004 芯片仅集成了 2250 个晶体管；到 2019 年，AMD Epyc Rome 上的晶体管数量已达到 320 亿个。

导电沟道就越短，源极和漏极的工作效率就越高。如今，这个制程已经从 1971年的 10μm 缩短到 10nm 以内。这意味着，把上千个 MOSFET 并排在一起，才和头发丝的粗细一样！绘制 1971—2019 年各型微处理器芯片的纳米制程数量级散点图（如图 4.62 所示），发现它也符合摩尔定律。

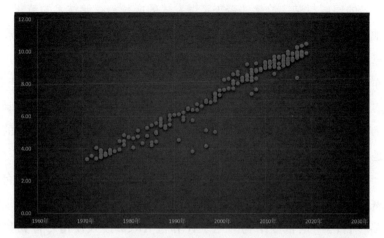

图 4.61　1971—2019 年各型微处理器芯片上晶体管数量取对数后的结果

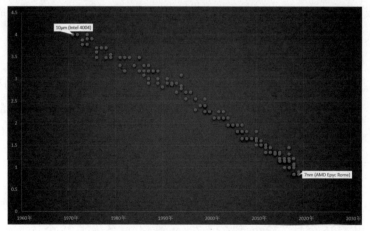

图 4.62　1971—2019 年各型微处理器芯片纳米制程数量级散点图

4.5　小结

电子时代，计算机的样子终于开始向我们熟悉的模样靠拢，它从图灵那儿取得"灵魂"，从冯·诺依曼手上拿到"骨架"，并在后继者的不断努力下变得"血肉"丰满。

本章专注于讲解电子计算机最核心的部分，但这一时期还出现了太多令人目不暇接的新技术，是它们开发出了计算机的全部潜能，探索着 0 和 1 的一切可能性。操作系统、编程语言和网络的出现，为各种类型的应用软件搭好了舞台；软件对电信号的层层封装，给软件带来了爆发式的成长；存储技术的革新，带着程序从"池塘"走向"大海"；鼠标、键盘、触屏、VR 眼镜，人机交互形式的变革重新定义着机器的种类……

从军用到商用再到民用，从大型机房到办公桌和膝盖上再到手掌和手腕上，计算机的全方位渗透，改变着人们的生活方式，乃至世界的运作规则。计算机领域相关的企业则如雨后春笋般相继出现，上演着一幕幕人们津津乐道的商战大戏。这是一个不可思议的时代，一个传奇辈出的时代。

这一时期，计算机的发展可以用"爆炸"来形容。自 1942 年第一台电子计算机 ABC 问世以后，计算机依次取得的成果有：第一台通用电子计算机 ENIAC 建成、第一台冯·诺依曼结构的电子计算机 ARC2 投入使用、肖克利发明了 BJT、第一台全晶体管计算机在贝尔实验室诞生、基尔比发明集成电路、贝尔实验室制成 MOSFET、MOS 集成电路面世、IBM 推出 360 系列，宣告集成电路计算机时代正式拉开帷幕……

图 4.63 展示了 1971—2005 年英特尔各型微处理器芯片主频[1]，在摩尔定律的作用下，从最初的几十万赫兹到如今主流的 3 ～ 4GHz 的进化只用了 30 多年。

如今计算机所具备的"超能力"已经远远超出了早期电子计算机研制者的想象，更不用提之前的先驱们了。哪怕是如今的我们，即使有摩尔定律作为理论基础，也很难想象 10 年后的世界会被 0 和 1 改变成什么样子。

不过，近年来，集成电路的发展开始接近瓶颈，整个芯片制造行业显得有点力不从心。以英特尔公司为例，在 2007 年启用嘀嗒模型[2]后，制程从 45nm 升级到 32nm 用了 26 个月，32nm 到 22、22nm 到 14nm 各用了 28 个月，而 14nm 到 10nm 用了 44 个月。2016 年，英特尔公司不得不改用包含 3 个周期的新模型（制程－架构－优化模型），"两步走"减缓为"三步走"；而在此前，摩尔本人也宣

---

[1] 主频（即时钟频率），是衡量微处理器性能的一大指标，以赫兹为单位，表示每秒内电信号在 0 和 1 之间相互切换的次数。1MHz 即每秒切换 100 万次，1GHz 即每秒切换 10 亿次。

[2] 即 Tick-Tock 模型，每一个 Tock 周期（两年）更新一次芯片架构，每一个 Tick 周期（两年）更新升级一次制造工艺，两者交替推进。

称摩尔定律将在 10 年左右的时间内彻底失效。

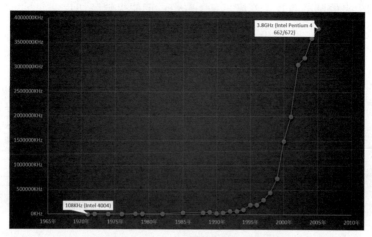

图 4.63　1971—2005 年英特尔各型微处理器芯片主频

　　读者可能很难想象 10nm 制程是一个怎样的微观概念。其实，硅原子的晶格常数（晶胞边长）约为 0.5431nm，这意味着，MOSFET 的导电沟道在长度方向上只能排列 18 个原子。而当制程进一步缩小并且在 7nm 以内时，研制者就不得不与量子力学打上照面，神奇的量子隧穿效应使电子可以在没有外部电场作用的情况下肆意穿越到它本不可能到达的地方，仿佛其中有个隧道一般。经典物理学在此失效，0 不再确定为 0，1 不再确定为 1，这是晶体管怎么也无法逾越的屏障。尽管研究者们正使用各种手段避免隧穿效应带来的影响，但他们心里比谁都明白，这是一条很快就将到头的"死胡同"。

　　于是，多核处理器出现了，让双核、四核、八核乃至更多个内核协同工作，以提升总体性能。"疲惫"的制程得以在名为摩尔的高速路上稍作喘息，CPU 的功耗得以降低（主频降低）。这种做法就像公司在员工的个人能力达到瓶颈时不得不招聘更多员工一样，人多了确实可以分担工作量，甚至只需更低的人均薪资，前提是这些工作可以并行完成，同时团队管理将是一个新问题。多核的优势依赖于软件层面的多线程技术，如果一个程序只能按部就班地执行任务，那么多出来的内核就只能"袖手旁观"了。同时，内核之间的通信是需要时间和资源的，核数的翻倍并不意味着性能的翻倍。

　　为什么要想方设法缩小晶体管呢？把芯片做大不也可以集成更多晶体管吗？尤其对于台式机，主机箱足够容纳砖头大的 CPU 了，为什么要把它做得那么小呢？这得从芯片的原材料晶圆说起。晶圆（如图 4.64 所示）是从提纯后的硅棒上切出来的圆形薄片（厚度不足 1mm），形似火腿肠切片。

把晶圆等分成一个个小方块（或矩形块），如图 4.65 所示，这些小方块就是制作芯片的底板，但圆周上的灰色小方块不完整，是不能用的。

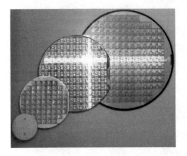

图 4.64　直径为 51mm、100mm、150mm
和 200mm 的晶圆 [1]

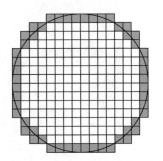

图 4.65　从晶圆上等分出芯片底板

如果想让芯片更大，同样大小的晶圆就只能切出更少的芯片底板，即使厂商愿意接受产量的降低，也会因为良品率降低的问题而打退堂鼓。晶圆在制作过程中会产生少量瑕疵，含有瑕疵的小方块是不能用的次品，如图 4.66 所示，小方块越大，芯片的良品率越低。

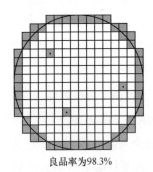

良品率为98.3%

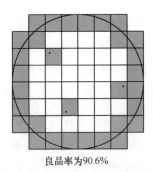

良品率为90.6%

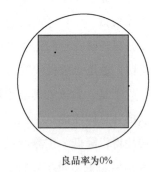

良品率为0%

图 4.66　芯片底板良品率与颗粒度的关系示意

那么，可不可以制造更大的晶圆来解决以上问题呢？可惜的是，受生产工艺的限制，晶圆尺寸的发展基本呈线性趋势（如图 4.67 所示），根本追不上摩尔定律，当今晶圆的主流直径仍是 2002 年研制的 300mm。

---

[1] 图片来自维基百科。

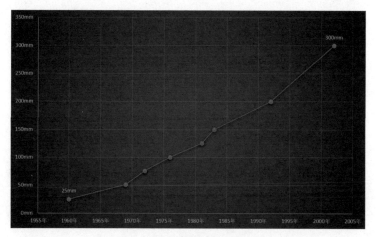

图 4.67　晶圆直径趋势图

此外，增大芯片尺寸意味着更高的功耗和发热量，如果你能买到一个由整块晶圆做成的 CPU，那么你基本上就能省下购置电磁炉的开支了。

不得不承认，这位"电子计算的巨人"在驮着人类科技飞奔了半个世纪之后，终于开始体力不支。所幸的是，科学家们已经着手研究各种新型计算机并逐年取得突破性进展，相信在不久的将来，科幻电影中的场景终将成为现实。

第 **5** 章

充满可能的未来时代

5.1　光学计算

5.1.1　光学与电子学

　　试问，世界上什么东西跑得最快？无疑是速度为 3×10^{8}m/s 的光。计算机科学家既然要追求更快的计算速度，何不使用光波来代替电流呢？尽管电的传播速度接近光速，但是光凭借许多压倒性的优势不断吸引着计算机科学家们的注意力。

　　在电路布线中，为避免短路和电磁干扰，人们必须确保线路间的相互隔离，多条光波却可以直接交叉而互不影响，既可简化布线，又可缩短线程。同时，电路导线上的能耗是不容忽视的，而光没有这个问题，更不会产生多余的热量。

　　单个电回路要么处于接通状态，要么处于断开状态，即同一时刻只能表达一个信号；而不同频率的光波可以在同一光路中和谐共处，单束光又可以分成性质相同的多束光，这是一种强大的并行计算能力。

　　电信号通过半导体逻辑门需要若干皮秒（1ps=10^{-12}s），这已经很快了，但实验证明，光信号通过光学逻辑门只需若干飞秒（1fs=10^{-15}s），比前者快了 3 个数量级。

　　相比电路只能靠通断状态（或者说相对的高低电压）来表示 1 和 0，光有着更丰富、灵活的表示方式，如频率（或波长）、相位、传播方向和偏振方向等。

　　其实，电子时期的计算机早有光的参与，如以光成像的显示器，以光定位的光电鼠标，靠激光读写的光盘，以及组成高速网络的光纤等（如图 5.1 所示），只是它们只能在计算机的外围设备"安营扎寨"，始终攻不进它的核心——计算。电子学在半导体材料的帮助下盘踞着整座"计算机之城"，光学无权进出，只能靠门口的光电转换模块传话。

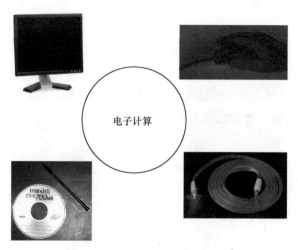

图 5.1　电子计算机的光电外设 [①]

　　然而，纵观历史，光学的发展进程其实并不输于电学，两者甚至巧合般地并驾齐驱着。

　　早在 1704 年，牛顿就在《光学》一书中系统阐述了光的一些几何特性。19 世纪初杨氏双缝实验和惠更斯-菲涅耳原理则揭示了光的波动本质，光学渐成气候。1785 年，法国物理学家库仑提出了库仑定律。30 多年后，奥斯特、法拉第、安培等物理学家先后对电与磁之间的关系展开研究，开启了电磁学（或电动力学）的大门。就这样，在 18—19 世纪，科学家们完成了对光和电的初步认识，并开始"粗糙地"使用它们。

　　20 世纪，从电子管到晶体管再到集成电路，人们对电的使用越来越精细。与此同时，光学紧追不舍。1917 年，爱因斯坦提出激光理论；1960 年，美国物理学家西奥多·梅曼将其变为现实；1965 年，光纤通信被提上议程。电子计算机飞速发展的同时，光学也在通信领域取得显著成绩。

　　既然光有着这么多优势，又有着不逊于电的研究成果，为什么实用的光学计算机却迟迟没有问世呢？难就难在光难以控制。不论是电子管还是晶体管，我们

---

① 图片来自维基百科。

很容易用一个电路的通断去控制另一个电路的通断，以实现逻辑运算，但怎么才能用一束光去控制另一束光呢？

5.1.2　光学克尔效应

我们每天都能看到不同的光线穿梭于各种透明介质中：当你在安静的校园中上晚自习时，灯光穿过空气照亮教室，书本上的文字穿过眼镜到达眼睛，月光照进池塘让鱼儿们看见彼此……这些介质会降低光的速度，甚至偏折它的传播方向（折射），衡量这种"绊脚"能力的物理量叫作折射率。

图 5.2 所示为一束光从真空中射入某介质发生折射现象的示意图，用字母 I 表示光线在真空中的部分，用字母 R 表示光线在介质中的部分，入射角记为 i，折射角记为 r。介质的折射率 n 就是 I 与 R 的光速比值，也是 i 与 r 的正弦比值，即

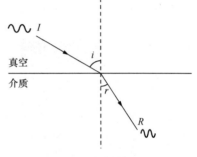

图 5.2　光折射的示意图

$$n = \frac{v_I}{v_R} = \frac{\sin i}{\sin r}$$

而 R 的速度变慢其实是由于它的波长 λ 变短了，就像人走路时每跨出一步的距离缩短了。所以折射率也可以写成 I 和 R 的波长比值，即

$$n = \frac{\lambda_I}{\lambda_R}$$

起初，科学家们发现，不论光的强度如何变化，介质的折射率都是固定不变的。好比当我们走进一家标着"全场 7 折"字样的服装店，购买 100 元的 T 恤和 1000 元的羽绒服所享受的折扣是一样的。这家店就是光的传播介质，店内的打折力度就是折射率，顾客的购买金额就是光的强度。

但当光强到一定程度（如激光）时，就会对介质中微观粒子的运动产生影响，进而改变介质的折射率。好比一位阔绰的顾客来到店里，一下子买了几万元甚至几十万元的商品，以至于老板愿意为他调整既定的促销策略。这种现象名为光场克尔效应，由苏格兰物理学家约翰·克尔发现。光不再是被动地受限于环境，它有了改变环境的主动权。人们可以通过调节一束光的强度来控制介质的

折射率，进而对介质中的其他光束产生间接影响，"以光控光"的前景终于明朗起来。

光是一种波，波的振动方向是多样的。尝试一下，找一根长绳，将它的一头系在树干或电线杆上，手持着另一头，将绳子水平绷直。这时，如果手上下甩动，绳子就会产生沿竖直方向振动的波浪；如果手左右甩动，绳子就会产生沿水平方向振动的波浪。光波与此类似，这种与传播方向不同的振动叫作偏振。如果沿着传播方向看去，上下和左右方向的偏振都是线形的，这种光就叫线偏振光。事实上，甩动光线的那只无形之手往往十分调皮，它可能在任意方向甩动，或者画圆，此时光的偏振方向就不固定了，它不停旋转，而且每个方向的偏振幅度不一定相同。如果可以把光线切断，我们就能看到它的横截面是椭圆形或正圆形的，这就是常见的椭圆偏振光和圆偏振光（圆偏振光是椭圆偏振光的一种特例）。

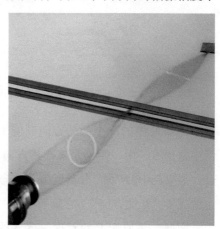

因此，为了将光的偏振利用起来，首先要让光线通过由特殊材料制成的偏振片，如图 5.3 所示。偏振片就像是一块仅有一条缝隙的挡板，只允许沿着缝隙方向偏振的光线通过。椭圆偏振光通过偏振片后就成了线偏振光，并且我们可以通过调节偏振片的角度来决定它的偏振方向。

图 5.3 偏振片的效果演示[1]

现在，让我们用一束激光去改变介质的折射率，用另一束线偏振光去检测这一改变，看看会发生什么。在专业术语描述上，前者叫泵浦光，后者叫探测光。

当泵浦光 P 穿过某介质时，在与它的传播方向相垂直的平面内，每个方向折射率的变化都不同。这是光学中典型的双折射现象，它意味着，当探测光 S 沿着 P 的方向进入介质时，介质对 S 的折射率与它的偏振方向有关。

为了方便分析，建立图 5.4 所示的坐标系。P 和 S 都沿着 y 轴正方向传播，它们都在 xOz 平面上偏振，我们不关心 P 的偏振方向，仅令 S 的偏振方向与 x 轴形成一定的夹角，即它在 x 轴和 z 轴上存在偏振分量。也就是说，我们可以把 S 看作两束分别沿 x 轴和 z 轴偏振的光的叠加，记为 $S = S_x + S_z$。

---

① 图片来自维基百科。

介质对 S_x 和 S_z 的折射率不同，S_x 和 S_z 的波长也不同，这对"本是同根生"的兄弟因为不同的步长开始不再能并驾齐驱。经过一段路程后，步长小的弟弟比步长大的哥哥落后了半步。这个"半步"对应的时间就是波的半个周期。在波的一个振动周期中，前一半和后一半的振动方向是相反的，相差半个周期就意味着振动方向颠倒了，如图 5.5 所示。

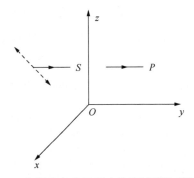

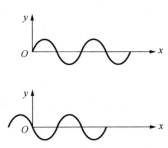

图 5.4　空间直角坐标系中的泵浦光和探测光　　图 5.5　波的半周期滞后示意图

S_x 和 S_z 中的一个振动方向颠倒了，这意味着什么呢？打个比方，我们在生活中常用东、南、西、北来描述方向，"西北方向"有着"西"和"北"两个分量，如果其中的"西"分量发生了方向颠倒，成了"东"，那么原本的"西北方向"也就成了"东北方向"，它旋转了 90°。

因此，泵浦光 P 导致探测光 S 的偏振方向旋转了 90°。当然，这是在对 P 的强度和介质的长度进行微调之后才能实现的。

现在，让我们用两个正交放置的偏振片搭建一个完整的"以光控光"系统，如图 5.6 所示。探测光经过由偏振片构成的起偏器成为线偏振光，再经过克尔介质和滤光片到达由偏振片构成的检偏器。滤光片仅允许特定频率的光通过，如红色的玻璃只允许红光通过，只要让泵浦光和探测光的频率不同，我们就可以用它来阻挡泵浦光。

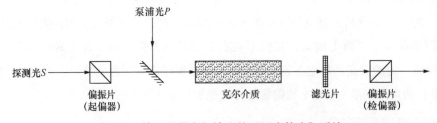

图 5.6　基于光学克尔效应的"以光控光"系统

如果对介质施加泵浦光，探测光的偏振方向将在光学克尔效应的作用下旋转90°，此时它就可以通过与起偏器正交放置的检偏器；如果没有泵浦光，探测光就无法通过检偏器。这样就实现了泵浦光对探测光的传播控制。

如果把有光和无光状态对应到二进制中的 1 和 0，可得这一系统的输出，如表 5.1 所示，这也是一个"与"门。

表 5.1 泵浦 - 探测系统的输出

S	P	输出
0	0	0
0	1	0
1	0	0
1	1	1

不过，真实的光学逻辑门远比这复杂，也有更多的难题需要面对。例如，为了减少探测光自身的光学克尔效应，它的强度不能太高，而泵浦光的强度又很高，这两种能量不对等的光束是不能直接用于逻辑运算的。同时，泵浦光的能耗也是一大问题。

5.1.3 后话

除折射率之外，强光其实还能改变吸收率、透射率等介质的许多其他光学参数，对这些光与介质相互作用的研究统称为非线性光学。这门学科自激光诞生以来已经有了较好的发展，为光学逻辑门在理论上做足了准备。进入 21 世纪后，韩国、新加坡、美国、中国、印度等国家和地区成功研制了基于各种非线性效应的光学逻辑门。

和为电子计算机带来繁荣的半导体一样，光学计算机发展的关键也是材料，要找到一种同时满足低功耗、低光损、低成本、高速度、高集成度等条件的材料并不容易，商业化的光学计算机还有很长的路要走。

5.2 量子计算

提到量子，多数读者的感觉是既熟悉又陌生。熟悉是因为它的有趣和不可思议，经常成为科普人津津乐道的主题。尤其在我国 2020 年的"九章"量子计算原型实现"量子霸权"以后，国内更是掀起了一股量子研究的热潮。而陌生是因为这套理论和我们的常识格格不入，它仿佛来自另一个世界，用匪夷所思的现象挑战着人脑的极限。另外，非专业的我们往往只能定性了解，无法像物理学家那样定量推演、究其根本。

其实，即使是物理学家，也仍未摸透量子世界的本质。不过，这并不影响我们先把它利用起来，就像电子被发现之前，人们早已开始享受电的便利一样。

5.2.1　神奇的量子

首先，我们了解一下什么是量子。人们由于望文生义，会有一种普遍的误解，认为量子是某种微观粒子，但其实它是表示物理量不可再分的最小单位，也许改叫"量元"或"基量"之类的名字更有助于人们准确理解。

量子最早由德国物理学家普朗克（Planck）在 1900 年解释黑体辐射时提出，他大胆假设："就像物质是由一个个原子组成的一样，能量也由一种最基本的能量子（即量子）组成。"也就是说，能量不是连续的，是一份一份的。在我们走路时，跨出一步的距离可以是 60cm，也可以是 59cm，或者 59.9cm，乃至 59.999999cm，只要有把控，任意值都可以，因此步长是连续的。而当我们遇到楼梯时，必须一个台阶、一个台阶地走，没有办法走半个或 1/3 个台阶。如果把整个楼梯看作能量，那么台阶就是组成它的量子。

1905 年，爱因斯坦指出，光也是由一个个不可再分的光量子（即光子）组成的。科学家们意识到，量子化是微观世界的普遍现象。

而量子的发现远不止将我们心目中连续的世界打成离散状态那么简单，它还提示我们，世界是不确定的。比如电子和光子的波粒二象性，在有些情况下它们是波，在有些情况下它们又是粒子，而这两种身份都是人类观察的结果；在观察前，它们既是波，又是粒子，处于两者的叠加态。导致量子从叠加态坍缩至确定态的观察过程称为测量。

量子叠加也是普遍现象，我们可以借助著名的思想实验"薛定谔的猫"来理解它，如图 5.7 所示。把一只猫和一瓶致命的毒气一起关在一个封闭的盒子里，一个由原子衰变控制的机关可以将毒气瓶打碎。由于原子处于既衰变又没衰变的叠加态，因此毒气瓶也处于既破碎又完好的叠加态，此时，我们得到了一只既死又活的猫。而世界好像有意想隐藏这种真相，当我们打开盒子（进行测量）时，总会以一定的概率看到死猫或活猫。

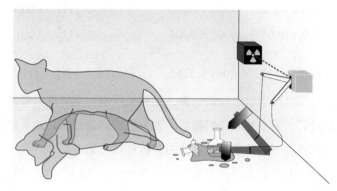

图 5.7 薛定谔的猫 [①]

5.2.2 量子计算的价值

我们永远无法亲眼看见神奇的量子叠加，只能尽量去想象这种状态。不过这并不影响我们发挥它的价值，量子系统的两种状态本身就可以用来表示二进制信息，而它们叠加之后更是出现了非凡的效果。在传统二进制计算机中，一位（bit）可以表示 0 或者 1，而处于叠加态的量子比特（qubit/qbit）可以同时表示 0 和 1；一旦被测量，它就会以一定的概率坍缩为 0 或 1。如果用英国物理学家狄拉克提出的狄拉克符号来表示，量子比特可以写作 $|\psi\rangle = \alpha|0\rangle + \beta|1\rangle$，$|0\rangle$ 和 $|1\rangle$ 表示量子比特的两种测量值，α 和 β 是复数，其模满足 $|\alpha|^2 + |\beta|^2 = 1$，测量该量子比特得到 $|0\rangle$ 的概率是 $|\alpha|^2$，得到 $|1\rangle$ 的概率是 $|\beta|^2$。

不论多少位的传统比特，都只能用于表示 1 个二进制数，如 4 比特可以表示 0000 ～ 1111 中的某一个。而量子比特就不同了，4 个量子比特可以同时表示 0000 ～ 1111，共 16 个数，10 个量子比特可以表示 1024 个数，n 个量子比特可以表示 2^n 个数。这种指数级的增长有着极其强大的威力，例如，当我们仅拥有 266 个量子比特时，就可以为可观测宇宙中的所有原子一一编号，而这在传统计算机中需要 3.325×10^{69} TB 的容量！

---

① 图片来自维基百科。

在运算时，量子也同样拥有着压倒性的优势。如两个 4 位二进制数的相加只能得到一个结果，而两个 4 量子比特数的相加可以得到 256 个结果，即同时完成 256 项运算。如下

0000 + 0000	0001 + 0000	1111 + 0000
0000 + 0001	0001 + 0001	1111 + 0001
⋮	⋮	⋮
0000 + 1111	0001 + 1111	1111 + 1111

我们需要的总是特定数之间的运算，这样把所有可能的取值都算一遍有什么用处呢？试着回忆一下小时候我们猜测大人手机密码的经历。如果你的手指也具有叠加态，不就可以一次性把所有可能的密码都试一遍了吗？

当今世界，许多信息系统的安全性建立在一种叫 RSA[1] 的加密算法之上。要想破解 RSA，就需要对其公钥进行因数分解。当公钥的数值足够大且只包含两个为质数的因数（质因数）时，破解就变得非常困难。如 15 的因数是 3 和 5，人马上就能算出来，但 2 301 408 713 的因数分解就不得不依靠计算机了。通过编程，我们可以从 2 开始到公钥的平方根一个个地试，最终得到结果——47969 和 47977，这点运算量难不倒现在的电子计算机。可当公钥是一个 300 位的十进制数时，就算从宇宙大爆炸开始试到现在也试不出来。即使用上已知最快的因数分解算法——数域筛算法，也需要千万年，乃至上亿年的时间。因此，除非有更有效的算法问世，否则 1024 位（二进制）的公钥就能保证 RSA 的绝对安全；实在不放心，升到 2048 或 4096 位就足以让黑客彻底死心。

然而，一旦有了量子计算机，RSA 将变得不堪一击，因为只需要一次运算就可以将所有数都试一遍。难怪科学家们把量子计算机的实现形容为"量子霸权"。

量子计算是否只同时给出了所有可能的结果，却没有指明哪个才是正确的？如用 512 个量子比特去猜测 1024 位的 RSA 公钥，如果只有两个质因数，测量到正确结果的可能性就只有 $2/2^{512}$。

在刘慈欣的短篇科幻小说《诗云》中，高度发达的外星文明出于对中国诗词的热爱，将整个太阳系改造成诗云，用于存储所有汉字的所有诗词形式的排列组合，其中一定有一首超越人类诗词艺术巅峰的千古绝唱——但问题是，找不到它。

量子计算拥有绝对的并行能力，却面临着诗云式的困境。与其期望量子比特

---

[1] RSA 是其 3 位发明者 Ron Rivest、Adi Shamir 和 Leonard Adleman 名字的首字母缩写。

在测量时正好坍缩为正确结果，还不如去买张彩票。因此，光有量子比特是没用的，还需要精心设计的量子算法，以将测量到正确结果的可能性提高到最大，哪怕只有 10% 也已足够，因为结果的正确性很容易验证，在 100 次计算和测量中，将有 10 次左右可以验证得到正确结果。美国数学家彼得·舒尔在 1994 年提出的舒尔算法就是一种有效的因数分解量子算法，分解一个只有两个质因数的公钥，给出正确测量的概率在 75% 以上。2001 年，IBM 公司成功在 7 量子比特的量子计算机上用舒尔算法实现了 15 的因数分解，验证了量子算法的可行性。

除因数分解之外，量子计算还将在信息检索上大显神通。如给银河系中的所有恒星都起一个独一无二的名字，打乱之后存到一张表中，如果要从中找到"太阳"，传统计算机只能从第一个名字开始一一查看。如果运气好，可能第一个就是"太阳"；如果运气不好，可能最后一个才是"太阳"。而量子计算机就不同了，它可以同时查看所有名字，一下就可以把"太阳"给找出来。1996 年，美国计算机科学家格罗弗就提出了这样一种量子搜索算法，不断迭代之后测量到正确结果的概率可以无限接近于 1。

所以，量子计算的价值不在于完全代替现有的计算机，而是对一些需要巨大计算量的问题进行"降维打击"。

5.2.3 量子逻辑门

传统二进制计算机的运算和控制靠的是"与""或""非"等逻辑门，同理，量子计算也有相应的量子逻辑门，它们是实现量子算法的砖瓦。下面简单介绍一些基本的量子逻辑门，让我们一起直观感受一下量子运算的过程。

由于叠加态的量子比特相当于一个向量，因此量子逻辑门往往写成矩阵的形式。量子比特的逻辑运算涉及矩阵运算的知识，此处将省略这一过程，仅使用狄拉克表达式说明量子逻辑门的作用，有兴趣的读者可自行验证。

单量子比特门只作用于单个量子比特，最基本的有泡利 X 门、泡利 Y 门和泡利 Z 门，简称 X 门、Y 门和 Z 门。

$$\sigma_x = \begin{bmatrix} 0 & 1 \\ 1 & 0 \end{bmatrix} \quad \sigma_y = \begin{bmatrix} 0 & -i \\ i & 0 \end{bmatrix} \quad \sigma_z = \begin{bmatrix} 1 & 0 \\ 0 & -1 \end{bmatrix}$$

X 门相当于传统的逻辑非门，它将 $|0\rangle$ 变换为 $|1\rangle$，将 $|1\rangle$ 变换为 $|0\rangle$，$\alpha|0\rangle +$

$\beta|1\rangle$ 在 X 门的作用下就成了 $\beta|0\rangle+\alpha|1\rangle$。注意，$\alpha$ 和 β 可以是复数。

另一个比较典型的单量子比特门是阿达马（Hadamard）门，简称 H 门。阿达马矩阵如下。

$$H=\frac{1}{\sqrt{2}}\begin{bmatrix}1 & 1\\ 1 & -1\end{bmatrix}$$

它使两种量子态被测量到的概率相等，$|0\rangle$ 变换为 $\dfrac{|0\rangle+|1\rangle}{\sqrt{2}}$，$|1\rangle$ 变换为 $\dfrac{|0\rangle-|1\rangle}{\sqrt{2}}$，$\alpha|0\rangle+\beta|1\rangle$ 在 H 门的作用下就成了 $\dfrac{\alpha+\beta}{\sqrt{2}}|0\rangle+\dfrac{\alpha-\beta}{\sqrt{2}}|1\rangle$。

双量子比特门可使两个量子比特相互产生影响。最基本的是受控非门（controlled NOT gate），简称 CNOT 门。CNOT 门可由以下矩阵表示。

$$\mathrm{CNOT}=\begin{bmatrix}1 & 0 & 0 & 0\\ 0 & 1 & 0 & 0\\ 0 & 0 & 0 & 1\\ 0 & 0 & 1 & 0\end{bmatrix}$$

CNOT 门相当于传统的"异或"门，它使一个量子比特（目标比特）受控于另一个量子比特（目标比特）。当控制比特为 $|0\rangle$ 时，目标比特保持不变；当控制比特为 $|1\rangle$ 时，目标比特翻转。两个量子组成的系统具有 $|00\rangle$、$|01\rangle$、$|10\rangle$ 和 $|11\rangle$ 这 4 种状态，如果将前一位视为控制比特，那么 $\alpha|00\rangle+\beta|01\rangle+\chi|10\rangle+\delta|11\rangle$ 在 CNOT 门的作用下将变换为 $\alpha|00\rangle+\beta|01\rangle+\delta|10\rangle+\chi|11\rangle$。

此外，还有三量子比特门、四量子比特门等，但它们都可由单量子比特门和 CNOT 门组合而成。

5.2.4 物理实现

正所谓条条大路通罗马，微观上具有量子效应的物质都能用于实现量子计算，我们可以采用电子、原子核、离子、量子点、光子等，它们的许多属性（如自旋态）具有两种状态，操控这些属性需要用到各种高精尖技术，如超导、核磁共振、离子阱、谐振腔等。本节将以我们比较熟悉的光子为例。

还记得光的偏振吗？我们用光子的偏振态来表示量子比特。在量子效应下，光子的偏振同时发生在水平方向和垂直方向，光子比特的狄拉克表达式可以写作 $\alpha|H\rangle+\beta|V\rangle$。

使用移相器、分束器、波片等光学元件可以改变光子的叠加态，即实现光子比特的逻辑运算。以波片为例，这是一种对水平偏振光和垂直偏振光具有不同折射率的介质。当光子进入波片后，两个偏振方向上的"分身"将具有不同的传播速度，通过调整波片的厚度，我们可以让两者穿出波片后出现 1/2 波长的光程差，这就是所谓的半波片。之前"以光控光"的例子中，泵浦光就将克尔介质改造成了半波片，并且半波片会使光的偏振方向发生 90° 旋转。调整半波片的放置角度，就能将这种旋光效果作用到光子的 $|H\rangle$ 和 $|V\rangle$ 上，记光轴[①]与水平面（$|H\rangle$ 方向）的夹角为 θ，通过几何运算可以得到如下作用矩阵。

$$\begin{bmatrix} \cos 2\theta & \sin 2\theta \\ \sin 2\theta & -\cos 2\theta \end{bmatrix}$$

当 θ 为 45° 时，它就是 X 门；当 θ 为 0° 时，它就是 Z 门；当 θ 为 22.5° 时，它就是 H 门。简单吧！但这只是纸上谈兵而已，真正实现起来却问题繁多。例如，光子一不小心被介质吸收怎么办？如何让两个本来没有相互作用的光子进行双比特逻辑运算？

5.3 生物计算

5.3.1 生命源自比特

在 1999 年一部名为《异次元骇客》的科幻影片中，一位角色驱车来到城市边缘，惊讶地发现那里除了网格线别无他物，这才意识到，原来自己生活在虚拟世界中，身边的一切（包括自己）都只是计算机中的程序和数据而已。随着信息技术的不断发展，仿真维度和数据的不断丰富，计算机中的虚拟世界正在从科幻走进现实。很多人有过这样大胆的想象：如果计算机能从微观上（如原子级别）模拟我的整个身体，那么这个虚拟的人物是不是另一个我呢？

正如美国物理学家惠勒所言："万物源自比特。"世间万物的意义都是建立于信息之上的，天地、水火如此，电子、光子如此，量子如此，生命亦如此。碳、氢、氧等基本元素以一定的结构组成氨基酸、核苷酸、葡萄糖等有机小分子，这些小分子又以一定的结构组成蛋白质、核酸、多糖等生物大分子，这些大

① 当一束线偏振光进入波片时不发生双折射，其偏振方向就是波片的光轴。

分子又以一定的结构组成线粒体、叶绿体、高尔基体等细胞器，细胞器再以一定的结构组成直径仅有 1 ～ 100μm 的细胞，最终，许许多多的细胞以一定的结构组成一个人。生命体中所含的基本元素在非生物的物质中也能找到，定义生命的不是这些元素，而是它们以多样的空间关系所组成的结构。这些结构就是信息。

既然生命体本身包含信息，那可不可以用它们来进行计算呢？早在 20 世纪，计算机学家们就有了这个大胆的想法。他们控制环境的温湿度，在培养皿中调制营养液，利用酶等催化剂干预生化反应，为有机物分子和生物大分子的浓度或结构赋予数值含义。如当蛋白质的浓度高于某个阈值时，就视为 1；否则，视为 0。而以 DNA（脱氧核糖核酸）为代表的大分子则更具备表达大量数据的能力。1988 年，哈佛大学的研究人员将一张图片存入 DNA。2013 年，斯坦福大学的生物工程小组成功研制出基于 DNA 和 RNA（核糖核酸）的生物"晶体管"。

看起来，生物技术完全具备构建现代计算机的潜力，只不过生化反应的速度太慢了，生物"晶体管"从接收输入到产生输出可能需要几小时，堪称人类有史以来创造的最慢的计算工具。但是，如果你觉得生物计算是个一无是处的笑话，可就大错特错了。它真正的意义不在于能否取代电子计算机，而是到电子计算机去不了的地方发挥作用，例如，在人体细胞，使用生物技术监测各种关键物质的浓度，控制激素水平，对抗疾病，抑制癌症，比药物和手术更精准、更有效。

此外，因为生命体自我复制的天性，所以解决大计算量的数学难题成了生物计算的拿手好戏。第一次证明这一点的是被誉为"DNA 计算之父"的美国计算机学家伦纳德·阿德曼，他也是 RSA 加密算法的 3 位发明人之一。1994 年，阿德曼在《自然》杂志上的一篇论文介绍了一种利用 DNA 求解哈密顿路径的方法，其法之巧令人惊叹，为生物计算打开了新世界的大门。

5.3.2　DNA 计算

哈密顿路径得名于爱尔兰数学家哈密顿，该路径是旅行商问题的一种情况。当一位旅行商在若干座城市之间往返时，这些城市之间有的互连。有的不互连。如果存在一条路径可以让旅行商从起点城市到终点城市，其间正好经过且只经过所有城市一次，这条路径就叫作哈密顿路径。

快递路线、飞机航线、电缆布线的设计都是旅行商问题在现实中的工程应用。当城市的数量较少时，我们可以通过穷举的方式把所有能走的路都列举一遍，而随着城市数量的增加，穷举的难度将爆炸式地增长。旅行商问题和质因数分解一样，是看似简单却足以让电子计算机束手无策的难题。

说到 DNA，读者都对它的双螺旋结构十分熟悉：像一条扭转着的丝带，丝带的边是两条珍珠串（两条单链），珍珠们手拉着手两两成对。凑近一看，原来珍珠是 4 种碱基，分别为腺嘌呤（adenine）、鸟嘌呤（guanine）、胞嘧啶（cytosine）和胸腺嘧啶（thymine），简称 A、G、C 和 T，如图 5.8 所示。

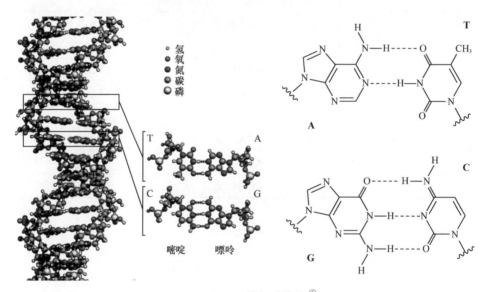

图 5.8　DNA 的组成结构[①]

A 和 T 比较要好，容易形成碱基对，C 和 G 亦然。这种形式像极了计算机中的反码，如果依次用数字 0 ~ 3 来表示它们，放到四进制中，A、T 成对就相当于 0 和 3 互为反码，C、G 成对就相当于 1 和 2 互为反码。如果把一个碱基看作一个数位，这个数位就有 4 种取值，大量的数位串联起来就形成了 DNA 单链，它存储着生命的编码。两条互为反码的单链形成 DNA 双链，仿佛一个双冗余备份的方案。原来，生命就像是一台使用四进制的计算机！

阿德曼使用不同的 DNA 单链标识旅行商问题中的城市，如用表 5.2 中的 DNA 编码标识图 5.9 中的 7 座城市，图中节点间带箭头的连线表示城市间有

———————————

① 图片来自维基百科。

方向限制的公路。如此，这些公路就可以用其出发城市的后半段编码和目的城市的前半段编码组合表示，如公路 1 → 2 表示为 AACAAG，公路 2 → 1 表示为 AAGAAC。含有起点城市和终点城市的公路表示稍有不同，公路中需包含该城市的全段编码。如选定城市 0 为起点、城市 6 为终点，公路 0 → 1 需表示为 AAAAAAAAC，公路 5 → 6 需表示为 ACCACGACG，这么设计是为了方便把可能存在的哈密顿路径筛选出来。因此，如果存在哈密顿路径，那它一定是一条以 AAAAAA 开头、以 ACGACG 结尾并且长度为 48 位的 DNA 单链。

表 5.2　旅行商问题中城市的 DNA 编码示例 [①]

城市	DNA 编码	DNA 反码
0	AAAAAA	TTTTTT
1	AACAAC	TTGTTG
2	AAGAAG	TTCTTC
3	AATAAT	TTATTA
4	ACAACA	TGTTGT
5	ACCACC	TGGTGG
6	ACGACG	TGCTGC

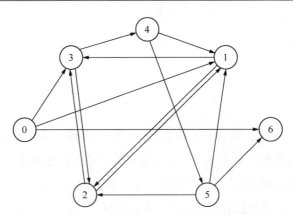

图 5.9　阿德曼论文中的城市拓扑 [②]

　　DNA 单链的定制技术在当时已成熟可用，阿德曼在准备好所有公路单链之后，又制备了各城市的反码单链（见表 5.2 的第 3 列），它们扮演着将两条公路

---

① 阿德曼论文中的编码长达 20 位，此处已做简化。

② 图片来自 *Molecular Computation of Solutions to Combinatorial Problems*。

黏起来的"胶水"角色。基于碱基互补配对原则，城市的反码单链会自动与其前后的公路单链形成 DNA 双链。以城市 2 的反码单链为例，它具有将公路 1 → 2 和公路 2 → 3 黏连起来的作用，如图 5.10 所示。

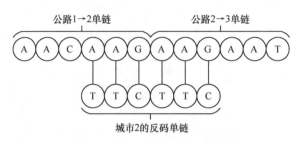

图 5.10　城市反码单链的黏连作用

　　于是，当阿德曼将这些城市的反码单链和公路的单链在溶液中混合（每条单链取几十皮摩尔的量）后，它们就会自行生成一切可行的路径双链。就像量子计算一下子就能给出所有可能的结果一样，接下来的关键在于如何把正确的结果筛选出来。

　　阿德曼借助一种名为（聚合酶链式反应）的生化过程，将所有以城市 0 打头、以城市 6 结尾的双链筛选出来。先将溶液加热至 94 ~ 98℃，双链在高温环境下会发生变性，分解为单链，如图 5.11（a）所示，再加入引物、聚合酶以及自由碱基。而后将溶液冷却至 50 ~ 65℃，引物会与合适的路径单链结合，形成一些"残缺"的双链，如图 5.11（b）所示。此时将溶液升温至 72℃，聚合酶将开始工作，使用自由碱基将它们补全为双链，如图 5.11（c）所示。如此，就实现了对指定双链的克隆。重复这一过程，以引物为首尾的双链就完成了爆炸式的复制。

　　现在，起点为城市 0、终点为城市 6 的路径双链占据了 DNA 溶液的绝大部分，其他路径双链已经少到可以忽略不计了。但这些双链长短不一，短至 0 → 6，长如 0 → 1 → 2 → 1 → 2 → 1 → 2 → 3 → 4 → 5 → 6，只有恰好途经 7 座城市的双链（如 0 → 1 → 2 → 3 → 4 → 5 → 6）才是哈密顿路径。因此，下一步是使用凝胶电泳技术将这一长度的双链筛选出来。将 DNA 置于凝胶中，凝胶两端与电源正负极相连，由于 DNA 带负电，在电场的作用下 DNA 会朝正极移动，越短的 DNA 其移动速度越快，凝胶的摩擦力放大了不同长度的 DNA 之间的速度差异，这得以将特定长度的 DNA 分离出来。

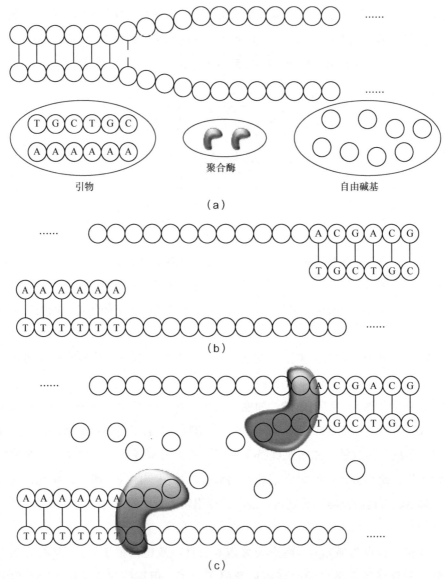

图 5.11　聚合酶链式反应的过程

　　凝胶电泳筛选出来的双链有着哈密顿路径的长度，但并不一定是哈密顿路径，如 0→3→2→3→4→5→6。因此，还需进一步筛出途径所有城市的双链。大致的过程是将这些双链拆成单链后，先尝试与城市 1 的反码单链结合，过滤掉不能结合的那些单链；再将剩下的单链尝试与城市 2 的反码单链结合，过滤；重复此操作，依次与城市 3 ~ 5 的反码单链结合、过滤，最终剩下"久经考验"的哈密顿路径。

此时，剩下的 DNA 可能少得可怜，令人难以判断有无哈密顿路径，我们可以通过聚合酶链式反应将其放大。如果存在哈密顿路径，我们就能观察到 DNA 的量明显增加。

上述整个生化过程花费了阿德曼整整 7 天时间，如此缓慢的速度能让电子计算机"笑掉大牙"。但生物计算的优势在于并行，据估计，在阿德曼的实验条件下，各 DNA 可同时进行 10 万亿次操作，如今的生物技术能将该并行度再提升几个数量级。这意味着，当旅行商问题中的城市数量猛增时，DNA 的求解耗时可能还是 7 天，这下电子计算机可就"笑"不出来了。

此外，使用分子表达数据的 DNA 编码有着极高的存储密度——平均 1 位只占 $1nm^3$，真让还在和量子效应斗智斗勇的 MOSFET"好生羡慕"！

5.4　小结

随着摩尔定律的逐渐失效，"后摩尔时代"即将到来。这是一个百花齐放的时代，只要敢想，任何能表达信息的技术都有制造计算机的潜力。本章涉及的光学、量子和生物领域只是冰山的一角，即使在单个领域，也有多种方法迥异的技术方案在你追我赶，这是一片广袤无垠的"蓝海"。

不过这些方案还都处于实验阶段，你可能会感觉太过遥远。其实早在芯片制程接近 10nm 时，就已经出现了许多的新技术，它们帮助场效应晶体管克服了短沟道效应。在结构上下功夫的鳍式场效应晶体管已在 22nm 以内大显身手，干脆把量子隧穿效应利用起来的隧穿场效应管可以把功耗降到更低，有着卓越电气特性的石墨烯和碳纳米管成为硅半导体的最佳替代品，基于大分子的生物场效应晶体管将在医学诊断、环境保护和食品分析等特殊领域发挥所长……这些已经令人目不暇接。

其实自从人类步入电子时代后，计算机领域就始终处于飞速变革的状态，只是之前没有那么多的学科交叉。手动时期基本只关乎数学，机械时期引入了机械学，机电时期引入了电磁学，电子时期引入了电子学、化学和材料学。而未来，将有光学、量子力学、生物学、脑科学等学科加入计算机的大家庭。其实所有学科的基石都是互通的，当我们在任何一个领域钻研到底时，都会同哲学与数学相遇。

　　计算机的发展虽快，但也是由千千万万个和你我一样的普通人在自己的岗位上努力奋斗的结果，哪怕有些岗位看似与计算机无关。过去单靠一个人、一个小团队就能发明计算机的"个人英雄时代"早已谢幕，让我们一起站在有史以来最伟岸巨人的肩上，把自己的点滴之力汇入全人类的智慧海洋。